科普中国书系·前沿科技·第三辑

地表之下

翟明国◎主编　马志飞◎著

科学普及出版社
·北京·

图书在版编目（CIP）数据

地表之下 / 翟明国主编；马志飞著. -- 北京：科学普及出版社，2025.7

（科普中国书系. 前沿科技. 第三辑）

ISBN 978-7-110-10477-4

Ⅰ.①地… Ⅱ.①翟… ②马… Ⅲ.①地球内部－探测技术－青少年读物 Ⅳ.① P183.2-49

中国版本图书馆 CIP 数据核字（2022）第 129414 号

策划编辑	郑洪炜　韩　笑　宗泳杉
责任编辑	宗泳杉
封面设计	东方视点
正文设计	中文天地
责任校对	张晓莉
责任印制	徐　飞

出　版	科学普及出版社
发　行	中国科学技术出版社有限公司
地　址	北京市海淀区中关村南大街 16 号
邮　编	100081
发行电话	010-62173865
传　真	010-62173081
网　址	http://www.cspbooks.com.cn

开　本	710mm×1000mm　1/16
字　数	100 千字
印　张	6
版　次	2025 年 7 月第 1 版
印　次	2025 年 7 月第 1 次印刷
印　刷	北京顶佳世纪印刷有限公司
书　号	ISBN 978-7-110-10477-4 / P・230
定　价	58.00 元

（凡购买本社图书，如有缺页、倒页、脱页者，本社销售中心负责调换）

编委会

主　编：翟明国

编　委：（按姓氏笔画排序）

　　　　李　娟　范宏瑞　祝禧艳　倪　培　彭　澎

撰　稿：马志飞

序

地球，这颗蔚蓝色的星球是人类唯一的家园。浩瀚的星空给了我们无穷的想象空间，脚下的大地也同样埋藏着许许多多的奥秘。从赫顿提出火成论学说到现代科学深钻突破万米岩层，人类对地球深部的探索从未停止。

习近平总书记指出，向地球深部进军是我们必须解决的战略科技问题。这一论断把地质科技创新提升到关系国家科技发展大局的战略高度。

中国很早就开始尝试深地探索。宋代《梦溪笔谈》中的石油开采，明代《天工开物》里的矿井，典籍中记载着古人向地下求索的一次次尝试。如今，我国的深地探测研究取得突破性进展，"地壳1号"钻机钻穿白垩纪陆相地层，"深地塔科"1井以10910米的垂直深度让我国深地资源勘探进入"万米时代"……在这场深地科技长征上，我国科学家以"入地"之志，在地球深处书写着自立自强的故事。

开展地球深部探测，是地球科学理论和高端探测技术密切结合的结果。地球科学是系统科学，深部与浅部是一个整体，地表很多地质现象是受深部过程控制的；反之，地表过程也深刻影响着地球的深部。在地核以及深部地幔的结合部，这里的物质组成、密度以及由此引起的圈层间旋转速度的差异，产生了地球的磁场等深刻的物理性质变化，被称为地球的"发动机"。而地幔以及壳－幔之间的能量与物质交换引起的岩浆、火山和地震等地质活动，进一步引起海洋和陆地的相互转换，被古人称为"沧海桑田"。地球深部－浅部的相互作用，推动了生命的演化，塑造了地表的高山、盆地、海洋等地貌，形成了人类赖以生存的空气和水，以及社会赖以发展的形形色色的金属矿产资源和能源资源。

本书通过梳理地球深部的知识，介绍地球深部探测的成果，揭开地表之下的神秘面纱，探索神奇的地质奥秘，追问深部资源开发与生态保护的永恒命题。让我们翻开这本书，与科学家一起向地球深处进发！

中国科学院院士
中国科学院大学资深讲座教授
中国科学院地质与地球物理研究所研究员

2025 年 6 月

目　　录

第一章　人类眼中的百变地球 / 8

地球究竟是什么模样 / 10

从地表向上看地球 / 17

从地表向下看地球 / 23

从"静"到"动"的地球 / 27

第二章　揭开地表之下的神秘面纱 / 32

如何进行地质探测 / 34

为何要进行深地探测 / 37

各国的深地探测计划 / 41

中国的深地探测计划 / 45

第三章　如何"看透"地球 / 50

精细勘探及三维地质 / 52
三维地图：身临其境游天下 / 57
寻找地球的"排气孔" / 59
神奇的"钻地术" / 63
城市地下空间的"透明化" / 65
高空遥感：观察地球的"千里眼" / 67
深地探测：入地的"望远镜" / 70
深海探测：探底万米深渊 / 73

第四章　地球深部探测能帮我们做什么 / 78

对深部资源的开发更有效 / 80
对深海能源的开发更广泛 / 83
对地热能源的开发更深入 / 86
对深部灾害的预警更及时 / 89

参考文献　/ 93

第一章

人类眼中的百变地球

我们的地球经历了46亿年的沧桑巨变，来自地球内部的地壳运动和来自外部的阳光、雨水、风等诸多因素不仅塑造了地球上的江河湖海、山川沟壑、高原盆地，还滋养了无数生物。

为了便于科学研究，科学家们将地球的结构按照圈层进行划分。沿着地表向外是地球的外部圈层，它包括水圈、生物圈、大气圈3个部分；沿着地表向内是地球的内部圈层，它包括地壳、地幔、地核3个部分。地球究竟是什么样的？地球内部都有哪些物质呢？

地表之下

地球究竟是什么模样

地球是什么形状的？这个问题太简单了！大家肯定会异口同声地回答是圆的！果真如此吗？我们对于地球的认识，自古至今都处于变化之中。因为认识的角度不同，结论也就不一样。接下来，我们一起看看地球到底是什么形状吧！

古人眼中的地球

古希腊人绘制地图时，经常在海洋的尽头画一个巨人，他手里举着一块牌子，上面写着：到此止步，勿再前进。为什么呢？因为古希腊人认为大地是平的，海洋的尽头是无底深渊。

在古代，关于地球的形状，人们一直争论不休，世界各地的人们有着不同的观点。古代中国人认为"天圆地方"，提出了"天圆如张盖，地方如棋局"的观点，意思是说天空像一个圆盖罩在如同棋盘一样的大地上，而且这个方形大地从西北往东南倾斜；古巴比伦人则认为宇宙是一个封闭的箱子，大地是这个箱子的底板；古希腊人认为大地是由一条大河环绕的圆盾；古印度人认为大地是由四头大象支撑的，四头大象又站在一只巨大的乌龟背上，乌龟则漂浮在海面上。

尽管不同地域的人认知不同，但这些观点都倾向于认为天空是圆的，地面是平的。这是因为古人的生活圈子相对封闭，难以与外界进行更多的交流，所以相对闭塞和孤立的活动范围导致人们形成了不正确的观点。

随着社会的不断发展，人们开始注意到许多有趣的事情："欲穷千里目，更上一层楼"，古人发现站得越高，看得越远；当一个人沿南北方向旅行，会发现一些星星慢慢地消失了，而另外一些新的星星出现了；站在海边观察海上的船只，随着船只不断远去，人们就会发现船身先消失，然后船上高高竖起的桅杆才消失；在发生月食的时候，月球落在地球上的影子总有一部分是圆弧形。人们不禁疑惑，为什么会产生这些现象呢？

于是，有人把地球想象成球形，因为只有这样才能把上述现象解释清楚。大约在公元前350年，古希腊哲学家亚里士多德提出了"地球是一个球体"的论断。我国东汉时期科学家张衡也提出地球是球形的观点，他在《浑天仪注》中这样描述我们的宇宙和地球："浑天如鸡子，天体圆如弹丸，地如鸡中黄，孤居于内。天大而地小。天表里有水。天之包地，犹壳之裹黄。天地各乘气而立，载水而浮。"意思是说，如果把天比作一个鸡蛋壳，地就像鸡蛋壳里的蛋黄，这种比喻形象地说明了地球的形状以及它和宇宙的关系。

张衡雕像

地表之下

测量地球的周长

公元前 240 年的一天，古希腊科学家埃拉托色尼听说在一个叫赛伊尼（今埃及阿斯旺）的城市里有一口很奇怪的井，每到夏至日那天，太阳光可直射井底。奇怪的是，在同一时刻，赛伊尼正北方的另一座城市亚历山大的一座高塔在地面上留下了长长的影子。埃拉托色尼想到于夏至日分别在两个地点来观察太阳的位置，进行测量，从而计算地球的大小。他计算出赛伊尼和亚历山大两地经线的长度为地球圆周的 1/50，再以 50 乘赛伊尼到亚历山大的直线距离，得出地球圆周的长度为 252000 希腊里，约折合为 39690 千米，这与地球的实际周长非常接近，实在是令人惊叹不已！

埃拉托色尼的测量方法其实很简单，就是根据扇形的弧长推算出圆周的周长而已。打个比方，如果你要测量一整块月饼的周长，可以以月饼中心为圆点，把月饼平均分成 8 瓣，只需要测量其中 1 瓣的圆弧长度再乘 8 就可以得出整个月饼的周长。

然而，有科学家考证后认为，亚历山大和赛伊尼并不在同一经线上，并认为埃拉托色尼的测量和计算结果虽然接近真实值，但只是一种巧合罢了。尽管如此，埃拉托色尼的测量方法对后人依然有所启迪，他的实验也被认为是人类历史上最经典的物理实验之一。

第一章 人类眼中的百变地球

近代的科学探险

尽管越来越多的人开始相信地球是球形，但人们还是难以找到令人信服的证据，直到费尔南多·德·麦哲伦（以下简称麦哲伦）的船队完成了环球航行，人们才真正相信这个结论。

麦哲伦是葡萄牙裔航海家，他曾向葡萄牙国王申请组织船队去探险，但是遭到了拒绝。后来他移居西班牙，得到西班牙国王的支持，于1519年率领5艘海船和200多名船员组成的船队，从西班牙出发，一直向西航行。航行途中，麦哲伦因插手一个小岛首领之间的内讧，不幸被岛上的居民砍死，但其同伴幸运逃离，并继续向前航行。1522年，麦哲伦的船队竟然又回到了西班牙。虽然，最后这支队伍只剩下1艘海船和18名船员，但他们完成了人类历史上第一次环球航行，以确凿的事实证明了地球是圆的。

根据埃拉托色尼的测量方法，只要我们能够精确地测量某一段经线的长度，就能计算出地球的周长。于是，法国在18世纪派出了两支科学考察队，兵分两路开展了这项测量工作。其中一支队伍前往南美洲赤道附近的安第斯山脉，另一支队伍前往北极圈以内的芬

麦哲伦

地表之下

兰拉普兰。奇怪的是，虽然他们都是沿着南北方向测量，但测量结果明显不同——赤道附近的经线长度比极地附近的略短。

这是为什么呢？原因在于，地球并不是一个标准的圆球形，而是一个赤道稍鼓、两极略扁的椭球体。仅仅测量地球某一段经线的长度，无法准确计算出地球的周长。其实，早在1687年，英国物理学家、数学家、天文学家牛顿在《自然哲学的数学原理》一书中就已经提出这种观点，法国派出的这两支科学考察队通过实际测量证实了牛顿的论断。

地球没有那么圆

无论是古人的实验还是近代人的科学探险，确切地说，他们得出的地球周长都不是测量出来的，而是计算出来的，或者说只是测量了地球周长的一部分。要想直观地看到地球的真实形状，必须"飞"出地球之外，借助航天技术才能实现。

1957年，苏联成功发射世界上第一颗人造卫星，在太空中给地球拍下清晰的"写真照"。1961年4月12日，苏联宇航员尤里·阿列克谢耶维奇·加加林搭乘"东方1号"飞船进入太空，成为第一个在宇宙中亲眼看到地球外貌的人，他的观察成为证明地球是球体的最直观、最有力的证据。从太空看，地球是一个蓝白色的球体，其中蓝色部分是海洋，白色部分是漂浮于天空的白云，其他的黄色部分是陆地。

科学家用卫星进行更精细的测量发现，地球的确不是正圆形，它的两极半径为6357千米，而赤道半径为6378千米，平均半径为6371千米，赤道周长约为40076千米。之所以会是这样，原因在于地球自转产生的强大的离心力使赤道地区逐渐隆起膨胀。如果你仔细观察一下洗衣机的转筒就会明白这个道理了，洗衣机之所以能够把衣服中的水分甩出去，正是由于旋转过程产生的离心力的作用。

其实，这是任何一个自转星球都存在的现象，只是隆起膨胀的程度略有不同而已。星球的自转速度越快，膨胀越突出。木星的自转速度比地球快得多，它自转一周只有短短的不到 10 个小时，所以它的形状比地球更扁平。相反，太阳每 25.38 天自转一周，比地球自转慢得多，所以它的形状比地球更圆。

如果我们仔细观察地球的细节，就会发现地球表面高低不平、坑坑洼洼，既有高耸的山脉和抬升的高原，也有凹陷的盆地和狭长的山谷，形状极不规则。就像鸡蛋，虽然看起来光滑圆润，但实际上表面十分粗糙。不过，地球表面的微小变化对它的整体形状而言显得微不足道，即使是地球最高峰海拔 8848.86 米（2020 年测定数据）的珠穆朗玛峰，也仅相当于赤道半径的 0.14% 而已。

地球的形状并非一成不变，从它诞生的那一刻起，每一天都不完全相同。由于板块运动，地球上的六大板块和若干小版块始终在不停地漂移，由此引发的地震、海啸等自然灾害也在不断改变着地球的形状。当地球深部某处发生地震时，地震波会向四面八方传播。地震波是一种弹性波，由此可知地球是个弹性体。事实的确如此，地球具有一定的可塑性，它的固体部分（包括固态地壳及更深的部分）会在某个特殊的时期发生变形，就

好像海水的潮涨潮落一样，科学家把这种现象称为固体潮。固体潮是地球在太阳与月球引潮力的作用下，固体地球产生的周期性形变现象。只不过固体潮的潮高一般只有 20~30 厘米，相对于庞大的地球而言，这些变化根本算不了什么，但对于一些精确度要求较高的测量来说，固体潮的影响不容忽视，必须进行校正。

第一章 人类眼中的百变地球

从地表向上看地球

相对于地球46亿年的历史而言,人类实在是太渺小了。正确认识我们脚下的地球,的确不是一件容易的事情。为了研究方便,科学家们将地球的外部简单地划分为3个由不同状态和不同物质组成的同心圈层,即水圈、生物圈和大气圈。

地球外部圈层分布

地表之下

水圈

地球上的水分布在海洋、湖泊、沼泽、河流、冰川、雪山以及大气、土壤和地层之中,这些水体形成了断断续续围绕地球表层的水圈。水圈的上界可达大气对流层顶部,下界可达深层地下水。水体的总量超过13亿千米^3,其中海水占97.47%,整个地球超过2/3的面积都被水覆盖着,所以有人说,我们生活的这颗行星不该叫做地球,而应该叫做水球。

海水含盐量很高,堪称盐类的"展览馆",几乎所有的可溶盐类都能在海水中找到。除了最主要的氯化钠,海水中还有氯化镁、氯化钙、氯化钾、碳酸钙、硫酸钠等,所以海水的味道又咸又苦,不能直接饮用。海洋的平均盐度为35‰,如果把海水里的盐全部铺到陆地上,可以厚达150米——相当于50层楼那么高。

除了海水,地球上只有2.53%的水是淡水,这些淡水中约68.5%储存在两极地带的冰盖和山区冰川中,约有31%蓄于地下含水层和潜水中,而包括土壤水在内的地表水不及0.5%。大气中所含的淡水较少,假如大气中所有的水都变成雨降落下来,均匀地落在各地,海洋也只会升高2厘米而已。

受太阳辐射、地心引力的影响,地球上的水并非固定不变,而是处在一个动态的、周而复始的循环之中,这个过程被称为水循环。在水循环的过程中,降水、蒸发和径流是3个最主要的环节,这三者构成的水循环途径决定着全球水量平衡,也决定着一个地区的水资源总量。不过,有时候天气和气候的异常变化会打破这种平衡,使某地出现洪灾或旱灾。

第一章　人类眼中的百变地球

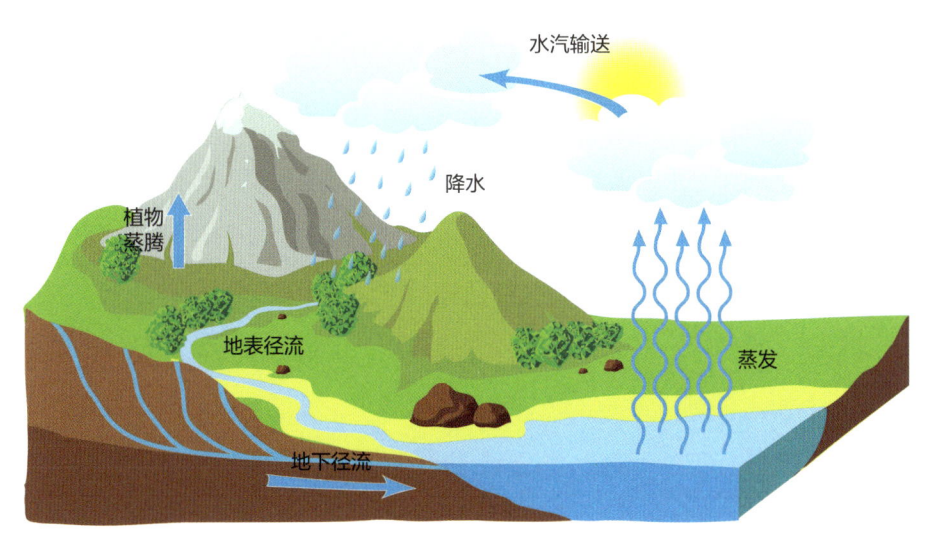

水循环示意图

生物圈

  在地球的发展史上，生命从无到有，再到如今多样的生态系统，经历了长达数十亿年的时间。生物是地球母亲哺育的"孩子"，不断地改变着地球。早在16亿年前，地球上就有生物群的存在。此后，生命不断进化，地球才真正变得绚丽多彩、生机勃勃。地球上的生物是一个十分庞大的家族，不但有众多动物和植物，还有种类繁多的细菌、真菌和病毒等，各种生物通过食物链和食物网进行着物质和能量的传递，形成了庞大的生物圈。生物圈的厚度可达20千米，包括岩石圈的上部、整个水圈和大气圈的下部，但大多数生物都生活在地表附近。

  目前，地球上已被人类认识的物种大约有170多万种，还有更多物种尚未被发现或未被研究分类。但由于生活习性不同，地球上的生物分布

地表之下

在不同地理环境和气候环境中。在某一个较小的区域范围内，各种各样的生物组成了一个"大家庭"，在这个"大家庭"中，每一种生物都不是孤立存在的，它们各有分工，有些是生产者，有些是消费者，还有些是分解者，再加上阳光、水、大气等非生物因素，就组成了一个完整的生态系统。生产者就是那些能将太阳能转化成各种养料的生物，一般指绿色植物，它们可以进行光合作用；消费者包括各种植食动物和肉食动物；分解者主要是指细菌、真菌和一些原生生物，它们能把动植物的排泄物和尸体分解成无机物，使之重回环境中，供生产者再次利用。经过一定时间的发展，不同的生物之间"相互协作"，生态系统就会保持稳定，也就是达到最佳状态——生态平衡。

大气圈

从遥远的太空俯瞰地球，可以看到一片蔚蓝，在蔚蓝色地区的上空还披着一层薄薄的"丝绸"外衣，这件外衣就是大气圈。当太阳照射地球时，大气圈会把一部分热量反射出去，使得地球的温度不会太高；当夜晚来临，大气圈又可以阻止热量向太空散失，起到保温作用。试想，如果没有大气圈的保护，地球也不会适宜人类生存。

大气的主要成分是氮气和氧气，其中氮气约占78%，氧气约占21%，其他成分还包括二氧化碳、臭氧、水汽和固体杂质。18世纪80年代，有人乘热气球做攀升实验，他们吃惊地发现，气球飞升得越高，气温越低，平均每上升100米，气温大约降低0.6℃。大气层从低到高划分为对流层、平流层、中间层、热层和散逸层5个部分。

在大气的最底层，气温随高度的上升而逐渐降低，地表和大气之间存在着冷热交换，所以空气上下对流强烈，即垂直运动显著，风、雨、雷、电、霜、冰雹等天气现象都发生在此，这一层大气被称为对流层，平均高度为11千米。这里集中了约3/4的大气质量和90%以上的水汽质量。

从对流层顶到约50千米的高空，空气流动以水平运动为主，气流变得平稳，这里被称为平流层。平流层里水汽、固体颗粒物都非常少，大气透明度好，适于航空飞行。所以，坐过飞机的人应该都有这样的感觉：当飞机起飞和降落时，颠簸得很厉害，因为此时飞机是在对流层中飞行，受到垂直运动气流的干扰，而飞机在飞行的途中处于平流层，因而相对平稳。

地表之下

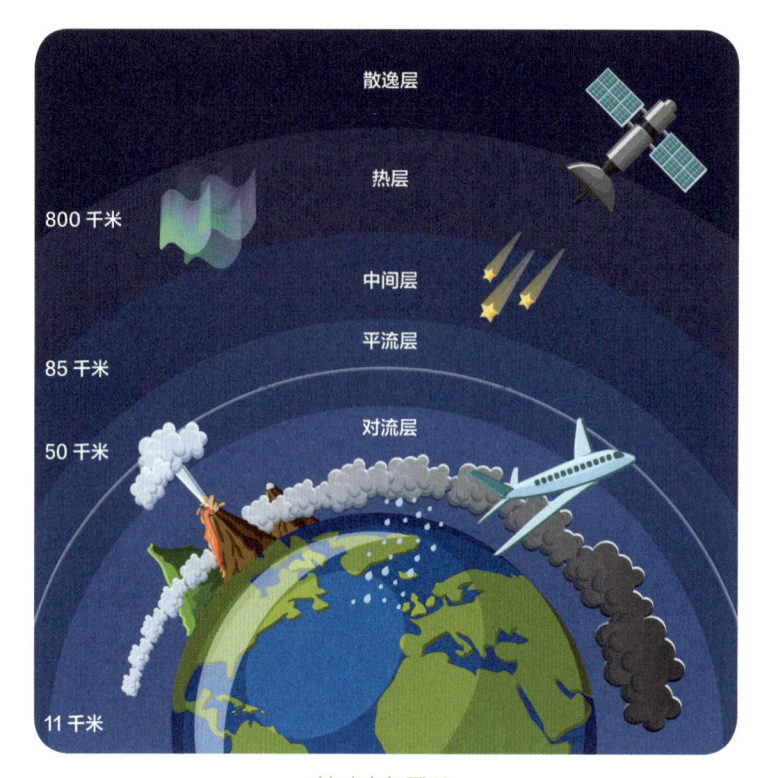

地球大气圈层

　　从平流层顶到 85 千米左右是中间层,这里又开始出现了空气的垂直对流运动,故而又称为高空对流层。中间层的气温随高度增加而迅速降温,中间层顶部年平均温度约零下 80℃,是大气圈中最冷的部分。

　　再往高空去,大气受到太阳的强烈辐射,温度开始再次上升,达到 800 千米的高度时温度可超过 1000℃,所以这里被称为热层。从热层再往外,就是地球大气圈和行星际空间的过渡带,叫散逸层,这里远离地表,受地球引力场的约束非常弱,一些空气分子可以挣脱地球引力"逃"到宇宙中去。

第一章 人类眼中的百变地球

从地表向下看地球

地球是不透明的，想从地表向下看到地球的内部结构实在是太难了。尽管如此，地质学家们仍对地球内部进行了探索，通过地震波间接地获得了地球内部的情况，并将地球的内部结构划分为 3 个圈层：地壳、地幔与地核。

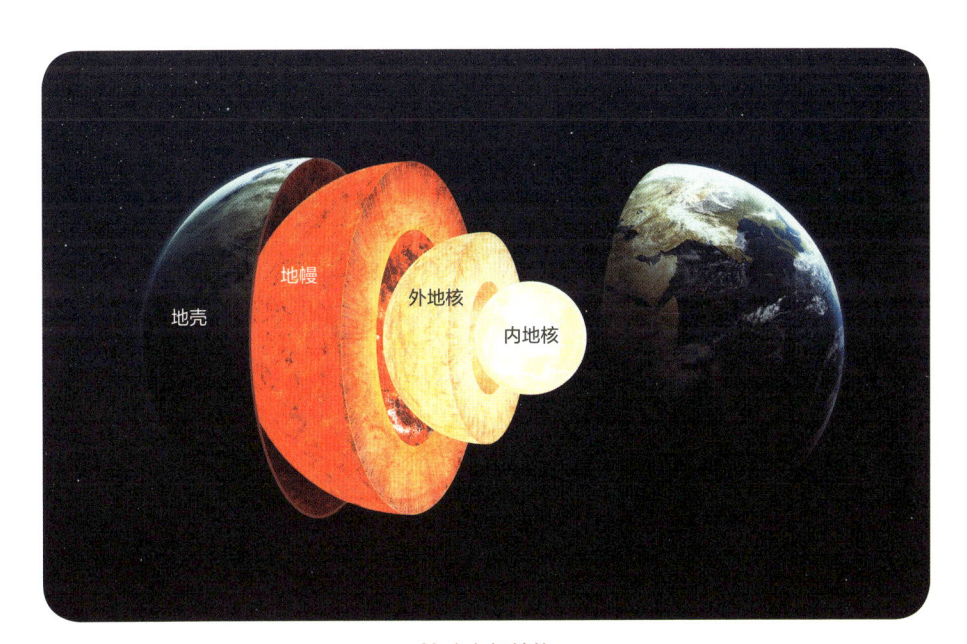

地球内部结构

地表之下

地壳

1909年10月，欧洲的巴尔干半岛发生了强烈的地震，一位名叫安德烈·莫霍洛维奇（以下简称莫霍洛维奇）的地球物理学家仔细研究了这次地震。他发现在地下大约33千米的地方，地震波的传播速度发生了明显的变化，这种变化不是连续的，而是突变的。基于这样的研究结果，莫霍洛维奇认为地球内部是分层的，在地球深处存在一个界面，界面上下的物质成分和密度明显不同。

后来，随着研究的不断深入，人们发现这一界面具有全球性，陆地上有，海洋里也有。后人为了纪念莫霍洛维奇的这一伟大发现，将这个界面称为莫霍面，并将界面上部称为地壳，界面下部称为地幔。

现代科学研究发现，整个地壳平均厚度约17千米。大陆地壳平均厚度为37千米，高山、高原地区地壳较厚，一般为60～70千米。地球上地壳最厚的地方在我国的青藏高原，厚度超过70千米。大洋地壳则远比大陆地壳薄，平均厚度只有7千米。所以一般的规律是：在较大的范围内，地球固体表面的海拔越高，地壳就越厚，海拔越低，地壳就越薄。相对于整个地球而言，地壳其实很薄，它的体积仅占地球体积的1%，其质量仅占地球质量的0.473%。

地幔

莫霍面之所以被发现，是因为莫霍洛维奇察觉到在这一界面上地震波的纵波和横波都发生了突然变化。根据同样的原理，另外一位地震学家本诺·古登堡（以下简称古登堡）在1914年发现，从莫霍面往下，地震波速慢慢增大，但到了一定深度，纵波速度骤然下降，横波突然消失，不再向下传播。很显然，这里又出现了一个分界面。后人为了纪念古登堡的这一伟大发现，将这个界面称为古登堡界面。古登堡界面是地核与地幔的分界层，界面上部是地幔，界面下部是地核。

地幔介于地壳和地核之间，所以又叫中间层，平均厚度为2883千米。它的主要物质成分为铁、镁的硅酸盐类，因为这里还能继续传播横波，所以仍是固态。

地幔又分为两部分，分别叫做上地幔和下地幔。随着深度的增加，地幔的温度、压力和密度都逐渐增大。

在上地幔的上部，地下60～250千米的深度范围内，存在着一个软流圈。软流圈位于岩石层之下，它的黏度比岩石层小，具有可流动性，岩石层块可以在其上进行相对运动。据推测，可能是由于此处放射性元素大量集中，释放能量产生的高温熔化了岩石。这里应该就是岩浆的发源地，与火山喷发活动有着密切的关系。还有人认为，板块正是因为"漂浮"在软流圈上，才会不断运动，从而相互挤压、碰撞或者分离。

地核

古登堡界面以下到地球中心的部分称为地核。2891～5149千米深处为外核，5149～6371千米深处为内核。地核部分的温度很高，压力和密度很大。据研究发现，地壳底部温度为900～1000℃，到了地幔下部和地核，温度就达到了2000～6000℃。在这么高的温度下，岩石都可以被熔化。可奇怪的是，地球的外核接近液体，为铁、硅、镍组成的熔融状态，

地表之下

内核却是固态的。

自从我国古代发明指南针以来，人们就已经知道地球上存在着地磁场。相信你早已知道，如果在一个条形磁铁的周围撒上铁屑，这些铁屑就会排列成规则的形状，无形的磁场就展现在你的面前。实际上，磁力线是看不到的，但是我们可以通过观测地球空间周围的粒子推算出磁力线。

地磁场是如何产生的呢？这始终是一个令人困惑的问题。虽然很多人提出了不同的假说，但都需要足够的证据来说服大家。比较著名的一个假说是地球是个大型"发电机"，这个观点认为，因为地球的外核呈液态而且存在温度差异，所以会产生物质的对流运动。液态外核中富含能够导电的铁，当液态金属物质运动时，便会产生电流，根据电流和磁场能够相互转化的理论，就形成了地磁场。

地球磁场概念图

从"静"到"动"的地球

地球上既有辽阔的陆地,也有浩瀚的海洋,它们是如何形成的呢?对于这个问题,历史上曾经有过长期的争论。

固定论

有一种观点认为,地球是固定的,也就是说自从地球诞生之起,海洋和陆地就已经形成,亘古如此。即便发生过变迁,也是在原位置升降。这种观点被称为固定论,也被称为垂直论。

固定论将地壳的运动和海陆变迁归根于地面的隆起和下降,主张在地壳发展的历史上,地壳构造块体或单元之间的相对位置不会发生大的相对位移,否认构造块体或单元之间出现过沿水平方向的大幅相对运动,包括地壳构造块体间的相对水平错动、转动和地壳上、下层之间的相对位移等。但后来,越来越多的地质学家发现,这一观点与许多地质现象不符。于是,这种观点开始被质疑,最后被绝大多数地质学家抛弃。

活动论

与固定论针锋相对的观点是活动论，它主张在地壳历史演变过程中，大陆和大洋、地块或构造单元，乃至相邻的地质体之间的相对位置都发生过巨大的位移运动和显著变化，这种变化既包括垂直方向上的，也包括水平方向上的，但核心内容是强调地壳或岩石圈块体的运动以水平运动为主导，所以也被称为水平论。其中，阿尔弗雷德·魏格纳（以下简称魏格纳）的大陆漂移学说是活动论的先驱。

据说，有一天德国气象学家魏格纳躺在病床上看墙上的世界地图时，无意中发现南美洲东岸和非洲西岸可以完美的"拼接"在一起。于是，他有了一个大胆的设想：非洲大陆与南美洲大陆在很早很早以前是不是连在一起的？在后来的日子里，他多方面搜集证据，验证自己的设想。这个故事的真假已无从考证，但大西洋两岸轮廓能够完美对应的确不假。事实上，早在1620年，英国科学家弗朗西斯·培根就注意到非洲西岸和南美东岸在轮廓上能够大致吻合，只是由于当时受认知水平的限制未能进一步研究。1801年，德国的亚历山大·冯·洪堡及同时代的科学家又一次提出，大西洋两岸的海岸线和岩石具有某些相似性。直到1912年，魏格纳在法兰克福地质学会上做了题为《地质轮廓（大陆与海洋）的生成》的演讲，提出了自己的理论。此后，魏格纳参加了第一次世界大战，两度负伤。1915年，养病期间的他出版了《海陆的起源》一书，系统地阐述了自己的理论。

虽然魏格纳多次外出探险并找到了很多证据，如南美洲和非洲的某些地区分布有相同的古生物化石和动植物物种，但因为找不到大陆漂移的动力，所以这个假说只能在大家的嘲笑、歧视和攻击中逐渐淡出研究领域。此后很长一段时间里，固定论与活动论两种观点相互对立，地质学家们为此争论了很久。

遗憾的是，魏格纳没有等到大家对他的认可。直到第二次世界大战后，随着海底扩张学说、板块构造学说等多种学说的出现，人们才逐渐认识到大陆漂移说的正确性。

海底扩张说

美国有一位著名的地质学家，名叫哈里·哈蒙德·赫斯（以下简称赫斯）。有一次，赫斯在分析太平洋海底测深剖面的时候，一种奇特的海底构造引起了他的注意。他发现，在大洋的底部存在很多像火山锥一样的山体，但这些山体都没有山尖，仿佛是被刀削平了一样。为了纪念他的导师，赫斯把自己发现的这些平顶海山命名为"盖奥特"，也就是现在大家统称的海底平顶山。

随着研究的不断深入，赫斯发现这些海底平顶山曾是古代火山岛，之所以都被"削平"，是因为火山岛在风浪的"袭击"下慢慢被侵蚀了。此外，赫斯还注意到一个现象：这些海底平顶山，离大洋中脊越远，就越古老，山顶离海面也越远；离大洋中脊越近，就越年轻，山顶离海面也越近。这又是为什么呢？带着这样的疑惑，赫斯不断钻研，终于得出了一个结论：大陆在和海底一起运动，海底本身也在移动。而此前魏格纳的观点是：大陆像一艘船，在柔软的海面上行驶。

1961年，美国地质学家罗伯特·辛克莱·迪茨正式提出"海地扩张"的概念。1962年，赫斯发表了他的著名论文《洋盆的历史》，在文章中对海底扩张说进行了深入阐述。

他们的观点是：地球深部的岩浆不断向上喷涌，造成海底的隆起，然后岩浆冷凝固结，铺在原来的洋底上，变成新的洋壳。就这样，新的洋壳不断从大洋中脊处生成，并把原来的洋壳向两侧推移，运动的驱动力是地幔物质的热对流。在这个过程中，地幔就像"传送带"一样，不断将洋壳输送出去。当洋壳扩张过程中遇到大陆地壳时，洋壳就会向大陆地壳下面俯冲，重新"钻入"地幔之中，最终被地幔吸收。陆地也被动地被"海底传送带"拖运着，但因其密度较小，所以不会潜入地幔。

板块构造说

1968 年，剑桥大学的 D. P. 麦肯齐和 R. L. 派克、普林斯顿大学的 W. J. 摩根和拉蒙特观测所的 X. L. 勒皮雄等人联合提出板块构造说，给早期的大陆漂移说注入了新的生命力。板块构造说认为，地球的岩石圈由六大板块拼合而成，这六大板块为太平洋板块、亚欧板块、印度洋板块、非洲板块、美洲板块和南极洲板块，另有若干小板块。

每一个板块都"浮"在塑性软流圈之上，各个板块既独立运动，又相互挤压、摩擦。板块运动时，许多动力活动常集中在板块边界。正如木头冻结在冰块中一样，大陆是板块的一部分，与板块一起运动。关于板块运动的原因人们说法不一，归纳起来大致为：大板块边缘的增长和板块的分离是由地幔物质上升引起的，中小板块的运动取决于大板块的运动。板块的大规模水平运动导致了板块的产生、生长、消亡。板块与板块的边界是大洋中脊、俯冲带等。由于地幔的对流，板块在洋中脊分离、扩大，在俯冲带下俯冲、消失。

岩石圈活动带的板块边界可以分为3种类型：分离型板块边界、汇聚型板块边界和转换型板块边界。分离型板块边界是相互分离的板块之间的边界，它是岩石圈板块的"生长场所"，也是海底扩张的中心地带，在地貌上表现为裂谷等，主要以大洋中脊为代表；汇聚型板块边界是两个板块相向移动、挤压、对冲的地带，在地貌上表现为海沟、火山岛弧、褶皱山脉等；转换型板块的边界通常既没有板块生长，也没有板块破坏，但伴有频繁的地震活动。

第二章

揭开地表之下的神秘面纱

深地探测，是探索地球深部奥秘的前沿领域，正引领全球地质科学研究迈向新阶段。国际上，澳大利亚的"玻璃地球"计划、英国的反射地震计划、加拿大的岩石圈探测计划及美国的地球透镜计划等，竞相推进地球深部的透明化进程。

自 2009 年起，中国启动"深部探测技术与实验研究"专项，旨在揭开地下 4000 米的神秘面纱。如今，"地壳 1 号"万米钻机已成功问世，国家重点研发计划稳步实施，深地探测技术正飞速发展，为资源勘探和灾害预警提供强大科技支撑，彰显了中国在地球科学领域的非凡实力。

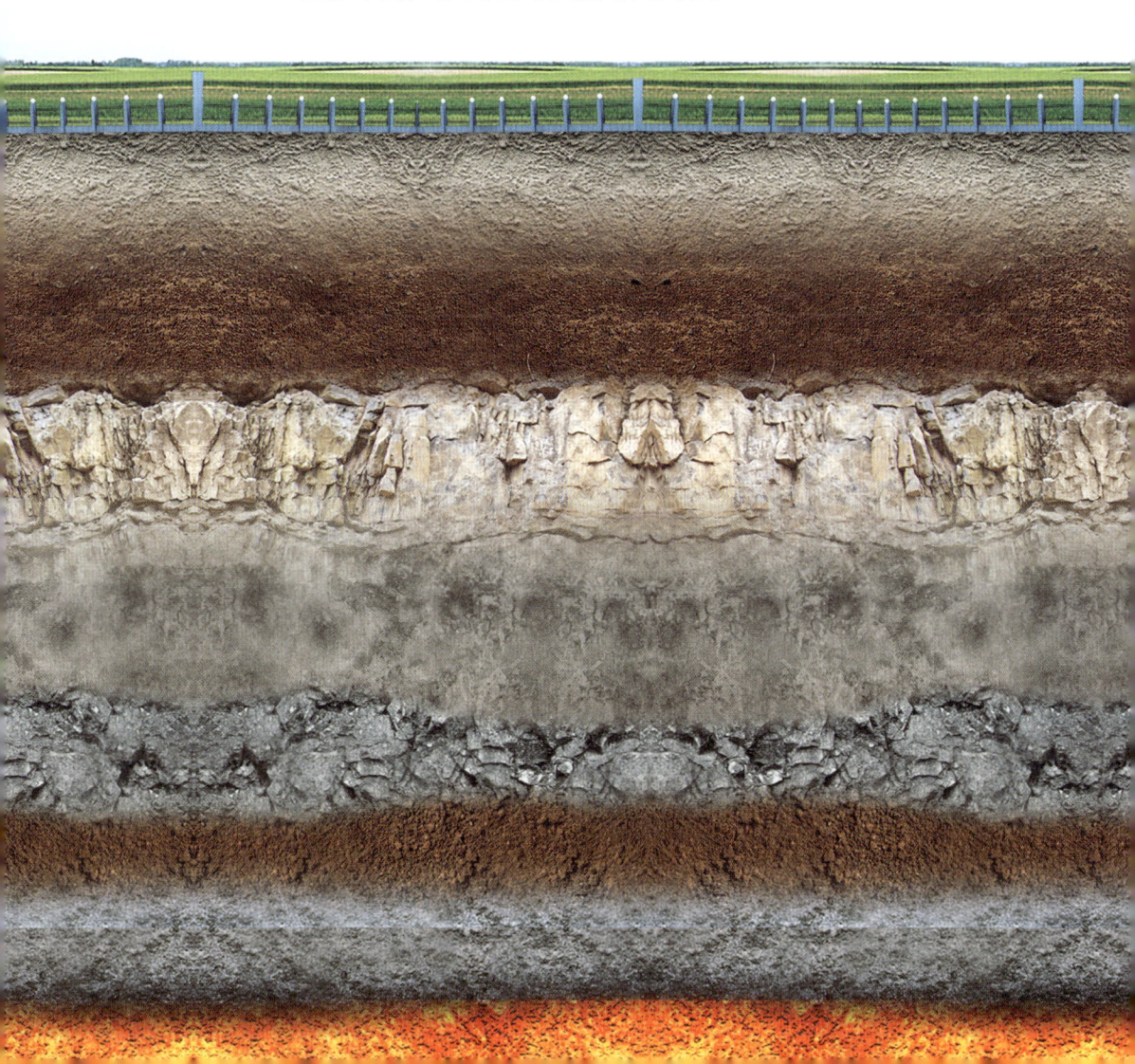

地表之下

如何进行地质探测

人类从诞生之日起，就从未停止过对地球的探索。从古人认为的"天圆地方"，到麦哲伦的船队完成环球航行证明地球是圆的；从古希腊科学家埃拉托色尼测算出地球周长，到莫霍洛维奇发现地壳和地幔的分界层、古登堡发现地幔与地核的分界层，这一次次的进步都让我们对脚下的地球有了更准确的认识。但是，地球不是透明的，厚厚的土壤和岩石阻挡了我们的视线。地球深处有许多未知与谜团等待我们去发现。

地质研究是一项实践性很强的工作，地质学家不能"闭门造车"，必须走到野外进行实地勘探，用眼睛欣赏山河，用脚步丈量大地。这是地质工作的使命，也是探索地球奥秘最科学、最有效的方法。地质学家就像地球的医生，他们的工作方法与医生看病相似，总结起来就是八个字：观察、记录、取样、探测。

观察是获取野外地质资料的第一步。每到一处，地质学家首先要做的就是查看周围的地质环境。在这个过程中，他们需要借助专用的图纸，再用随身携带的各种工具，对岩石、泥土等进行仔细的观察。

记录就是要把观察到的东西记录下来，这不仅包括眼睛直接看到的地貌特征，还包括一些测量数据，如用定位仪测量的经度、纬度和高程，用罗盘测量的岩层倾斜度等。对于一些特殊的地质现象，地质学家用文字表

第二章 揭开地表之下的神秘面纱

达不清时，还需要绘制素描图，或者用照相机拍下照片。这些记录都是十分重要的原始资料，可供日后查阅和分析。

取样就是采集岩石和土壤标本，带回实验室进行分析。地质锤只能敲打裸露的岩石，如果想看地下的岩石，就需要钻探，即使用机器带动旋转的钻杆向地下打洞。这是个既脏又累的体力活，随着深度增加，施工难度也越来越大。

探测需要借助一些仪器设备来获取地下的信息。一种方法是用仪器接收地球内部发出的地震波，另一种方法是主动朝地下发射地震波或者电磁波，接收反射回来的信号，这两种方法都可以推断地下岩层的性质。此外，还可以通过探测地下的重力、磁场、电场、放射性等物理性质获取更多的信息。

通过观察，地质工作者可以了解岩石的矿物成分和结构特征

地质工作者正在观察各种地质现象（包括地形地貌、岩石矿物特征等）并做记录

地表之下

地质工作者正在采集土样

地质工作者正在采取岩心

随着社会的发展，人们越来越迫切地感到，传统的地质勘探方法已经不能完全满足现代社会发展的要求和科学研究的需求了。

有人幻想，如果能一眼看透脚下的地球该多好呢？这个想法看似天方夜谭，但科学的进步往往就源自大胆的假设。1999年，澳大利亚提出"玻璃地球"计划，要使地下1000米变得"透明"，这个理念一经提出就吸引了全世界的目光，各国纷纷开展相关研究，希望通过探测建立地球深部的结构模型、物质模型，长期监测地球状态，增强人类对地球深部的认知。

地质雷达向地下发射的电磁波可用来探测地下情况

为何要进行深地探测

早在 2300 多年前，中国伟大的浪漫主义诗人屈原写下一篇长诗《天问》，诗中对天文、地理、历史、哲学等方面提出了 170 多个问题，表达了他对地球和宇宙的探索精神，例如九州大地如何安置？河流怎样疏浚？水流东海总不满溢……谁知这是什么原因？东西南北四方土地，哪边更长？哪边更多？以现在的眼光看来，屈原所提出的许多问题基本都有了答案。而到了现代社会，我们又遇到了许多新的困惑。深地探测或许可以帮助我们解开这些谜团。

有人说"上天容易入地难"。如今人们制造了各种飞行器，可以飞到月球、飞到火星。遗憾的是，至今我们仍然对脚下的世界知之甚少。

人类向地心求索的尝试

法国小说家儒勒·凡尔纳著有一本名为《地心游记》的小说。书中的 3 个主人公根据古人所写的一封密码信的指引，在冰岛找到了一个火山口，沿着火山熔岩的通道深入地下，成功到达了地心。在这里，他们发现了一片巨大的海洋，海岸边生长着许多巨大的植物，他们甚至还发现了古人类

地表之下

的遗骸。历经千辛万苦后，他们又遇到了火山喷发，最后被火山强大的气流喷出地面，而此时的他们竟然身处意大利。这个奇妙的探险故事给很多人留下了深刻的印象，也多次被搬上银幕。地心真的有那么奇妙吗？我们究竟该怎样了解脚下的地球呢？

我们了解地下浅部情况的主要方法是钻探，可以通过打钻孔取出岩心进行研究。然而，钻得越深，施工难度越大，成本也就越高。世界上最深的钻孔是1970年苏联人进行科学钻探时打的一口钻井，位于俄罗斯西北部边境的科拉半岛，深度达到12262米。实际上，这个深度还不足地球半径的1/500。20世纪60年代，美国曾开展了一项大规模的钻探计划，这项计划以地球物理学家莫霍洛维奇的名字命名，称为"莫霍计划"。该计划准备在海底选定地点向下钻探，期望穿透地壳，直达地幔。这项计划于1961年开始实施，在墨西哥湾西海岸水深3558米的海底钻了5口深海钻井，其中最大的一口井井深183米，但距离钻透地壳还相差甚远。最后，这项计划由于实施难度大且费用高昂等原因于1966年以失败告终。

到目前为止，人类关于地球深部的探究大多集中于对地震波的研究。我们对于地球内部的了解依然停留在推测和假说阶段，而且很多研究领域都存在较多争议。倘若我们的地球像玻璃一样透明，那地下的一切情况就能一目了然，许多地质难题也能迎刃而解了。

探究深部矿产资源分布状况

地球的平均半径为6371千米，而整个地壳的平均厚度只有17千米，如果把地球比作一个鸡蛋的话，地壳还没有鸡蛋壳厚。目前，地球上对我们人类有开发利用价值的矿产资源包括金、银、铜、铁、锡，以及煤炭、石油、天然气等，基本都集中在地表以下几千米内。随着开凿深度的不断增大，矿产资源的开发成本也越来越高。但地球深部不断有新的矿藏被发现，这就意味着还有更多的矿产资源埋藏在地球深部。

就我国而言，一方面，目前我们还未全部实现各地的详细地质调查，很多地方的找矿工作程度很低，甚至还未开始找矿；另一方面，在地球深部资源探测方面，中国已有固体矿产勘探开采的深度大都十分有限。2016年5月30日，习近平总书记出席了全国科技创新大会、两院院士大会、中国科协第九次全国代表大会，并在会议上发表了题为《为建设世界科技强国而奋斗》的重要讲话。习近平总书记在讲话中指出："向地球深部进军是我们必须解决的战略科技问题。"因此，无论是从勘探范围还是从勘探深度来讲我国的地质工作者都有大量的工作需要完成。

抵御地球深部灾害

地震可谓是地球上最严重的地质灾害。历史上，曾经有无数人被地震夺去生命，人们千辛万苦建设的美好家园也在几秒内毁于一旦。据统计，全球每年发生的有感地震超过5万次，造成巨大灾害的7级以上地震10余次。地震还会引发海啸、滑坡、泥石流、火山喷发、火灾、爆炸等次生灾害。

地震是板块之间能量的释放，但科学家们目前仍难以准确预测其发生的时间、地点和震级大小。地质学家研究发现，地震主要发生在板块边界。一般说来，在板块内部，地壳相对稳定，而板块与板块交界处则是地壳比较活跃的地带，这里火山、地震活动频繁，板块挤压、板块碰撞时有发生。太平洋板块边界的板块活动最为活跃，所以火山和地震活动也最为频繁。

地表之下

但2011年3月11日的3·11日本大地震却发生在地震学家圈定的可能爆发大地震的危险区之外，这不得不让科学家们开始重新审视现有的地震研究理论，重新认识我们脚下的地球。

现阶段，人们基于一种全新的理念重新认识自然灾害，并由此提出了"灾害链"的概念。这种观点认为在灾害相继发生的过程中，必然有一种东西在发挥着重要的传递作用，那就是能量。灾害链的形成过程，其实就是在遵循能量守恒定律前提下进行能量传递和再分配的过程。从地震到海啸、从地震到地震，这就是灾害链。简单地说，一次地震的发生往往会造成三种灾害：原生灾害、次生灾害和衍生灾害。原生灾害指由地震直接造成的破坏，如地震造成的地面裂缝、房屋倒塌致人伤亡等；次生灾害指灾害链传递到下一链条时出现的破坏，如地震引发海啸、水库大坝决堤、山体崩塌滑坡等；衍生灾害指未来一段时间的表现，如3·11日本大地震灾区的核泄漏致使当地人群遭受核辐射。

除了地震，我们还面临着火山喷发、崩塌、滑坡、泥石流、地面塌陷、地面沉降等多种地质灾害，这些灾害每年都会发生并造成一定的人员伤亡。面对灾难我们该如何预防？如何才能知道灾害将会出现在哪里？要做到防患于未然，查明地下的地质状况是首先要解决的问题。

事实上，地球表面的地质环境变化、地质成矿作用和灾害孕育过程，其主要控制因素都来自深部物质与能量交换的地球动力学过程。无论是基于对基础地质科学的研究，还是考虑到对资源开发和灾害防治的需求，开展地球深部探测都具有现实的必要性和紧迫性。

各国的深地探测计划

欧美发达国家在深地探测领域的研究起步较早,他们在摸索中不断深化认知,理念和技术逐渐成熟。虽然研究重点各有侧重,面对的困难也多种多样,但他们都取得了大量值得借鉴的成果。[1-2]

澳大利亚的"玻璃地球"计划

矿产大国澳大利亚被誉为"坐在矿车上的国家"。为了解决未来的资源问题,1999年,澳大利亚联邦科学与工业研究组织提出了一个新概念——玻璃地球[3]。顾名思义,就是希望地球能像玻璃一样,让我们一眼就能看到哪里分布着矿产资源。

该计划的目标是使澳大利亚大陆地表以下1000米深度以内的地质状况变得"透明"。要实现这一目标,需要进行大量的地质勘探、地球物理勘探和地球化学勘探工作,如新的钻探技术、航空重力梯度测量、航空电磁法、地球化学填图、同位素跟踪、地下水化学研究等。总之,就是利用一系列先进的勘探方法和有效的仪器设备,检测隐伏矿体中的微量化学元素的踪迹,了解和模拟流体在地壳和地表中的流动和矿物的运移过程,然后把这些不同来源的数据综合起来，融入三维地质图像中，从而形成更加实用有效的地图，快速发现新的矿床。

该计划提出后被正式列入澳大利亚的国家预算，并开始实施。遗憾的是，这项计划因多种原因在 2003 年被迫终止，但澳大利亚各州政府依然积极响应"玻璃地球"的勘查理念，相继投入大量资金推动矿产勘查事业的发展，如昆士兰州在 2005 年投资 2000 万澳元（约合人民币 9500 万元）实施了"精明勘查"计划，在 2006 年又投资 2908 万澳元（约合人民币 1.38 亿元）实施了"精明矿业—未来繁荣"计划。2006 年，该州还实施了一项"大陆结构与演化"战略研究计划，希望在全球尺度框架下研究澳大利亚大陆的演化和结构，目的在于有效地了解这些结构对澳大利亚自然资源和自然环境的影响。

英国的反射地震计划

英国反射地震计划开始于 1981 年，探测范围覆盖英伦三岛及附近的大陆架，揭示了这一地区地壳和地幔的结构特征，并依靠反射地震计划，成功发现了储量约 47 亿吨的北海油田。

参与该计划的科学家还对墨西哥尤卡坦半岛的希克苏鲁伯巨型陨石坑的构造进行了深部探测，采用多种地震探测实验完成了总长度为 639 千米的高分辨地震剖面图制作，最终圈定了该陨石坑的边界和形态。希克苏鲁伯撞击事件大约发生在 6500 万年前，曾引发了大规模海啸、地震与火山爆发，撞击产生的碎片和灰尘造成全球性的风暴，长时期遮挡阳光，妨碍植物的光合作用，造成部分生态系统的瓦解，一系列的灾难最终导致地球上约 17% 的科、50% 的属、75% 的物种灭绝。

加拿大岩石圈探测计划

1984—2003年,加拿大实施了岩石圈探测计划,目的在于全面了解北美大陆的演化过程,其主要的探测技术是地震反射技术。该国在全国范围内选取了10条典型剖面,这些剖面不同程度地代表了加拿大典型的地质特征或具全球意义的重要地质构造,总长度超过1.4万千米[4]。

该计划成绩显著,获得了大量的高精度地震反射、重力、电磁等数据。这些研究不仅解释了北美大陆岩石圈的演化过程,总结出了一些有关加拿大大陆演化和发展的诸多结论,在基础地质研究方面实现了很大的突破,还对加拿大金属矿产蕴藏丰富的地方建立了新的构造模型,并且在纽芬兰省西部海岸发现了石油资源。

美国的地球透镜计划

2001年,美国国家科学基金会、美国地质调查局和美国国家航空航天局联合发起了一项地球透镜计划,希望在北美洲大陆对地球构造及地质演化进行全面的研究,包括断层、板块、大陆构造等多个方面。2003年该计划获美国国会批准,为期15年(2003—2018年),主要包括4个分项。

第1项是美国地震台阵。该分项包括2400个便携式地震检波器组成的轻便台阵、400个宽带地震检波器组成的移动遥测台阵,以及固定的地震检波器网络,实时采集数据,用来研究地幔乃至深达3000千米的地核和地幔边界的情况。另外,这个台阵还可以用来监测火山和地震活动,进行灾害预测。加利福尼亚大学的研究人员还在每个台阵配备了压力传感器，这样就可以记录每年数百次的大气层事件，包括火箭发射。他们甚至还记录到了2013年2月15日发生在俄罗斯车里雅宾斯克州的陨石坠落事件。

第2项是圣安德烈斯断裂带深部观测站。该分项是在圣安德烈斯断裂带上打了一眼深钻，研究人员直接从断裂带物质（岩石和流体）中取样，测定断裂带的各种性质，并监测深部蠕动和地震活动。钻井位置选在了帕克菲尔德，预计打钻深度为4千米，科学家们既可以对取出的岩心进行实验室分析，也能够对钻井及附近区域内的地震强度、孔隙压力、温度和应力应变等各种地球物理参数进行长期观测。然而，这个目标并未完全实现，由于地下深部条件极为恶劣，原本安装在钻井内的各种仪器并未发挥出预期的效果。

第3项是板块边界观测站。该子项利用GPS接收器和多组应力应变计，对太平洋板块与北美洲板块边界的三维应变场进行研究。该GPS接收器可以追踪到毫米级的地表变形，能够观察到大地震发生后数年甚至数十年变形速率的变化，可以用于地震的预警。

第4项是合成孔径干涉雷达。该子项在广大的地理区域内进行空间上连续的周期性应变测量，其矢量分辨率可精确到1毫米。可以用于火山和地震灾害的研究，还可以提供因地下水和石油的开采造成的地面沉降信息等。[5-7]

此外，类似的计划还有美国大陆反射地震探测计划、德国大陆反射地震计划、瑞士地壳探测计划、意大利地壳探测计划、俄罗斯深部地壳探测计划等。由于地质研究与资源勘探密不可分，所以当前各国的研究计划具有明显的地域限制，大多局限于本国领土及领海范围内，相对于整个地球而言，要真正实现"一眼看透地球"还有很长的路要走。

中国的深地探测计划

我国的深地探测虽然起步较晚，但却在短短数年间取得了超越之前数十年的成绩，未来我国科学家将继续面向国家能源资源和环境保护的重大需求，叩启地球之门，揭示地球深部的奥秘。

"深部探测技术与实验研究"专项

2006年，《国务院关于加强地质工作的决定》下发实施，其中明确提出"加快对地观测、深部探测和分析测试等高新技术的开发与应用。实施地壳探测工程，提高地球认知、资源勘查和灾害预警水平"。

2009年6月10日，中国科学院发布了《创新2050：科学技术与中国的未来》系列报告，提出了一项"中国地下4000米透明计划"[8]，这项计划的目的是要解决三大关键问题：第一，建立不同尺度的矿床成矿模型；第二，突破深部探测技术，包括钻探、地球物理勘探、地球化学勘探；第三，建立深部矿床的勘查评价方法及三维可视化模型。简而言之，就是力争到2040年，使我国主要区域地下4000米以内变得"透明"，为寻找深部矿产资源提供基础资料。

地表之下

2009年，国土资源部启动"深部探测技术与实验研究"专项，该专项旨在为全面开展地壳探测工程做好关键技术准备，是我国"入地"计划的"先锋"，总体部署是围绕"两网、两区、两带、多点"4个部分开展工作。其中，"两网"指大陆电磁参数标准网、全国地球化学基准网；"两区"指大华北综合探测实验区、华南综合探测实验区；"四带"是西秦岭中央造山带、松辽油气盆地、青藏高原腹地、三江活动带；"多点"是金川铜镍矿集区、罗布莎地幔探针、腾冲火山、大巴山前陆等[9]。

"深部探测技术与实验研究"专项共设置9个专项，分别是大陆电磁参数标准网实验研究、深部探测技术实验与集成、深部矿产资源立体探测及实验研究、地壳全元素探测技术与实验示范、大陆科学钻探选址与钻探实验、地应力测量与监测技术实验研究、岩石圈三维结构与动力学数值模拟、深部探测综合集成与数据管理、深部探测关键仪器装备研制与实验。经过上千名科学家和工程师的共同努力，"深部探测技术与实验研究"专项成果终于在2016年6月28日通过专家评审鉴定。鉴定委员会认为该专项取得了5个方面的进展：一是系统构建了适应我国地球深部特征的立体探测技术体系，自主研发的多套深部探测关键仪器设备达到国际先进水平；二是深部探测带动了重大科学发现，我国跻身世界深部探测大国行列；三是发现了一批具有战略意义的重大找矿线索，为实现找矿突破战略行动提供了有力支撑；四是有效把握了地球活动性的脉搏，为提高自然灾害预警能力提供科技支撑；五是专项的实施让我国地球深部探测在国内外产生强烈反响。

2011年年初，在江苏省政协十届四次会议上，有位委员提出一项提案：在江苏省实施"透视地球工程"，通过收集整理江苏省的地质、城市地上和地下工程建设、地震监测、环境保护、地下文物等数据资料，建立一个多参数、多信息、动态的、地下"透明可见"的三维地球模型。"透视地球工程"的模型应有粗有细，在重要成矿地带可以按 1 : 10000 的比例建模，深度可以达到 1000 米或更深；城市和重要经济区可以做到 1 : 5000 甚至更高，深度以地下 500 米为限；对于所有的地下管线、地下文物、人防工程，可以按城市建设的需要确定尺度。

2015 年 6 月 29 日，中国地质调查局、中国地质科学院成立地球深部探测中心，并设定 5 个任务：海陆深部地质调查与深部过程理论创新；深部矿产资源、能源富集区"透明"探测；实施科学钻探，开展地下科学实验；开展深部过程与地球动力学模拟；搭建我国"入地"计划平台。

2016 年 9 月 1 日，我国《国土资源"十三五"科技创新发展规划》发布实施，明确提出"十三五"期间要以深地、深海、深空为主攻方向和突破口，构建向地球深部进军、向深海空间拓展和深空对地观测的国土资源战略科技新格局。其中，深地探测战略的目标是到 2020 年形成深至 2000 米的矿产资源开采、3000 米的矿产资源勘探成套技术能力，储备一批 5000 米以深的资源勘查前沿技术，并显著提升 6500 米至 10000 米深的油气勘查技术能力。同时，深层油气勘查深度达到 10000 米。

继"深部探测技术与实验研究"专项之后，2016 年 10 月，科技部会同国土资源部、教育部、中国科学院等机构和相关省（自治区、直辖市）科技主管部门制订了国家重点研发计划"深地资源勘查开采"重点专项实施方案。该方案旨在破解中国深部资源成矿成藏与预测评价关键科学瓶颈，构建深部资源开采理论技术体系，发展航空－地面－地下立体勘查技术体系，突破深部资源勘查开采的关键技术，建设深地资源勘查实践平台，为推进找矿突破战略行动，保障国家能源资源安全提供强有力的科技支撑。"深地资源勘查开采"重点专项共包含 7 项重点任务，分别为成矿系统深部结构与控制要素、深部矿产资源评价理论与预测、移动平台地球物理探测技术装备与覆盖区勘查示范、大深度立体探测技术装备与深部找矿示范、

地表之下

"地壳1号"万米钻机整机系统

深部矿产资源勘查增储应用示范、深部矿产资源开采理论与技术、超深层新层系油气资源形成理论与评价技术。该专项下设48个项目,既涉及矿产勘查领域,也涉及矿产开采领域,涉及中央财政专项经费约18.9亿元。

2014年4月,我国自主研发的深部探测关键仪器装备——"地壳1号"万米大陆科学钻探机开始在大庆实施"松科"2井科学钻探工程。2018年6月,"地壳1号"完钻井深7018米,成为当时世界上正在实施的最深取心科学钻。"地壳1号"具有数字化控制、自动化操作、变流变频无极调速、大功率绞车、高速大扭矩液压顶驱、五级固控系统等突出特点,为开展超深科学钻探做好了装备准备。

2019年,由中国科学家倡议、13个国际组织与机构共同发起国际大科学计划——"深时数字地球"(DDE)计划。该计划致力于搭建全球地球科学家与数据科学家合作交流的国际平台,推动地球科学在大数据时代的创新发展;将在大数据驱动下重建地球生命、地理、物质和气候的演化,进而达到精确重建地球和生命演化历史、识别全球矿产资源与能源的宏观分布规律。

  2020年10月29日，党的十九届五中全会审议通过《中共中央关于制定国民经济和社会发展第十四个五年规划和二〇三五年远景目标的建议》，其中关于"强化国家战略科技力量"的部署明确提出"瞄准人工智能、量子信息、集成电路、生命健康、脑科学、生物育种、空天科技、深地深海等前沿领域，实施一批具有前瞻性、战略性的国家重大科技项目。"2021年2月9日，自然资源部在北京市揭牌成立深地科学与探测技术实验室，旨在集结深部结构探测、深部组成探测、深部资源探测、超深科学钻探、深层热能利用和深地大数据、深地装备共享等领域的科研力量，逐步构建起国家深地战略科技力量。

第三章

如何"看透"地球

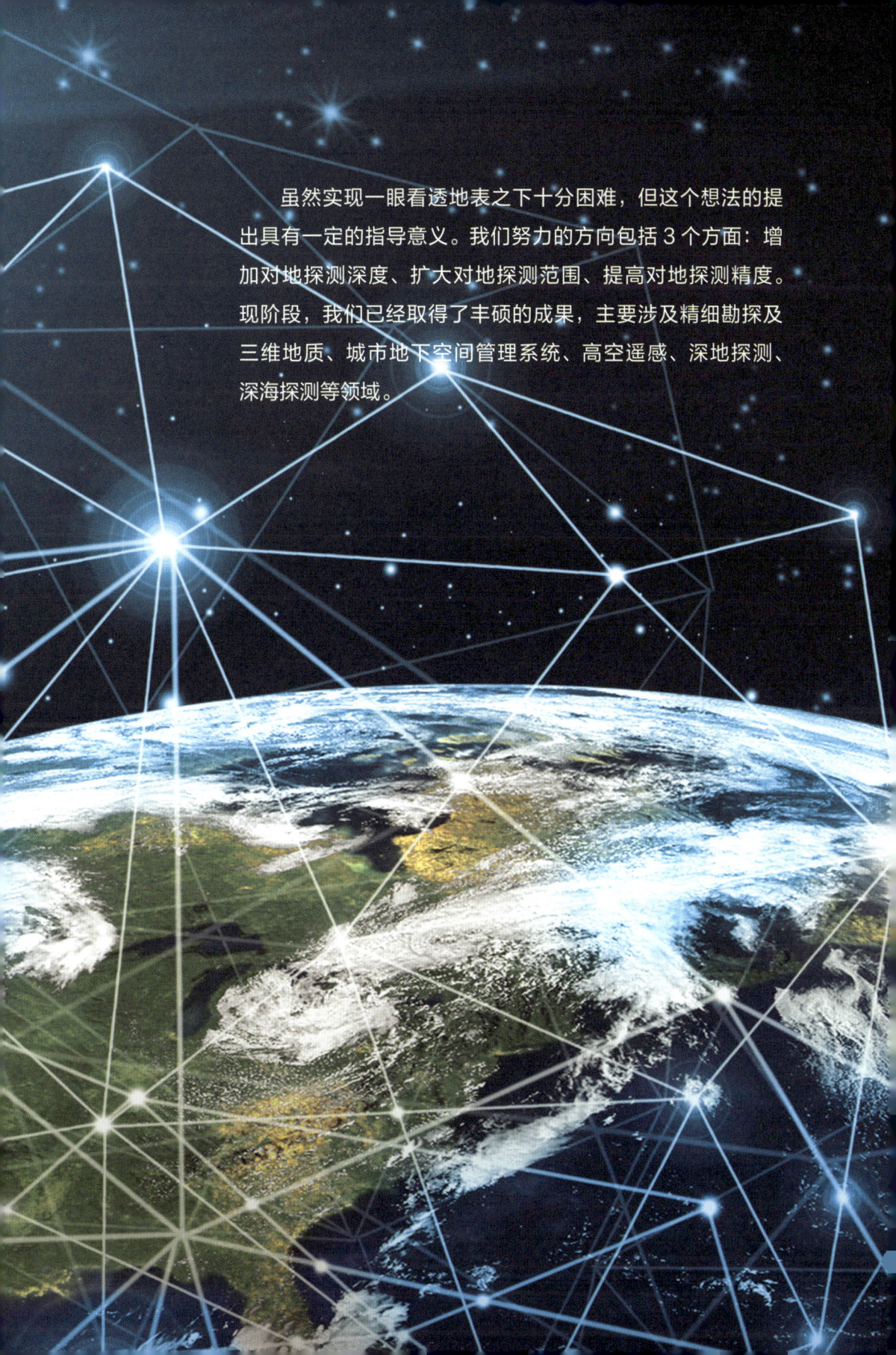

虽然实现一眼看透地表之下十分困难,但这个想法的提出具有一定的指导意义。我们努力的方向包括3个方面:增加对地探测深度、扩大对地探测范围、提高对地探测精度。现阶段,我们已经取得了丰硕的成果,主要涉及精细勘探及三维地质、城市地下空间管理系统、高空遥感、深地探测、深海探测等领域。

地表之下

精细勘探及三维地质

2014年,《中国科学报》发表了一篇文章《大数据时代的"玻璃地球"》,不久以后,《中国国土资源报》发表《"玻璃地球",大数据时代的选择》。"大数据"又被称为"巨量数据",通常指所涉及的数据量巨大,以至于无法通过人工在有限时间内转变成有用的信息,必须经过计算机处理才行,它具有4个典型特征:大量、高速、多样、价值。借助于大数据时代的"东风",我们可以充分发挥三维地质信息化的优势,努力实现"一眼看透地球"。当然,这只是一种形象的说法,是地质学家对未来地质科学发展的美好期望。

精细勘探

北京市西部某村庄曾经发生过多起地面塌陷事件,其中较严重的一次发生在2009年7月25日,村中一块空地突然塌陷,形成了一个面积超过10米^2、深4～5米的塌陷坑。一棵大树的一半被埋在坑内,坑内的一条污水管道被砸断,坑口周围出现多处裂缝。为了避免此次塌陷对旁边的3根电线杆造成破坏,电力工人将3根电线杆紧急转移。受此影响,塌陷处附近 100 多户村民家中断电。2013 年 8 月 1 日，该塌陷坑东侧约 5 米处再次发生塌陷，导致电线杆倾斜。

事件发生以后，当地村民人心惶惶，议论纷纷。地质工作者通过走访调查、钻探、槽探和探地雷达法、高密度电阻率法、瞬变电磁法、浅层地震法、孔间电磁波 CT 法等多种地球物理勘探方法，最后查明这里的地面塌陷是由岩溶空洞造成的。因为地下基岩主要为石灰岩，在含有二氧化碳的地下水的作用下，极易发生溶蚀现象，局部地层被冲蚀后形成空洞。

通过精细的地质地球物理勘探，科学家不仅查清了多个地下空洞的埋深和规模，而且按照 1∶1000 的高精度比例尺划定了地质灾害危险区的范围，提出了详细的防治方案，为该地区的灾害治理工作及规划建设提供了科学合理的建议，避免了可能由地质灾害造成的重大财产损失和人员伤亡。

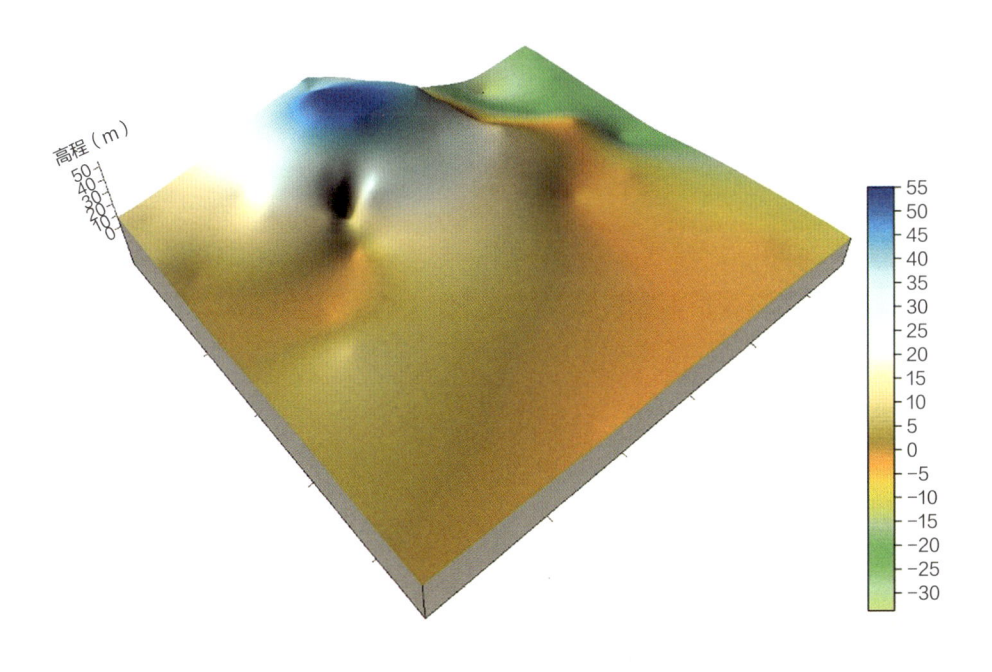

地面塌陷区周边基岩地形图

地表之下

　　由此可见，对于小范围而言，精细的地质地球物理勘探十分重要，勘探精度越高，越能够有效提高防灾减灾的能力。这些地质地球物理勘查方法测量的物理量不同，原理不同，方法手段不同，对地下精细结构探测的能力或分辨率也就有所不同。比如，探地雷达利用的是一种高频电磁波，频率范围通常为数兆赫兹至上千兆赫兹，通过发射天线以脉冲形式将电磁波定向送入地下，电磁波在地下介质中传播时，遇到存在电性差异的地下介质时发生反射，返回到地面的电磁波被接收天线接收。探测人员根据电磁波的传播时间及波形特征，可以确定地下目标体的空间位置、结构和几何形态，以及地下介质物性相关的信息。一般而言，介质间的电磁特性差异越大，介质间的界面就越容易被识别。

三维地质地球物理调查

　　对于人口稠密、建筑密集的城市而言，对地质地球物理勘查的精度要求也越高。以服务于城市开发建设和安全保障为目的，三维立体的地质地球物理调查显得尤为重要。2017年11月，国土资源部中国地质调查局发布《城市地质调查总体方案（2017—2025年）》，其中明确指出，城市地质工作重心将倾向于已有地质数据的管理、更新与重构，构建城市三维或四维地质模型。发达国家已经完成了国内大部分主要城市的城市地质工作，并对各个城市进行已有数据的整理与三维模型化，构建城市地质数据库并进行更新、管理与维护。2004—2009年，中国地质调查局与上海市、北京市、天津市、广州市、南京市和杭州市6个城市合作开展了三维城市地质调查试点项目，系统建立了城市地下三维结构，建立了三维可视化城市地质信息管理决策平台和面向公众的城市地质信息服务系统，计划到2050

年，完成全国地级以上城市1∶50000基础性综合地质填图，实现地级以上城市地质调查全覆盖。

自2008年年底开始，厦门市就已经对全市1573千米^{2}的陆域及附近海域实施了城市地质调查工作。历时4年多，这项调查取得了多项成果，其中包括构建含水岩（组）三维模型、查清地热资源情况、查明海岸带地质环境条件和陆域地质灾害的类型及形成原因、调查评价了土壤地球化学环境质量，并在众多成果的基础上，建立了厦门市三维可视化地质信息管理与服务系统。

2015年7月，江苏省地质调查研究院承担的"长江三角洲重点地区三维地质调查（江苏）"项目首次将长江三角洲地区作为一个地质调查的主体，按照不同区块、不同精度建立了1∶250000第四系三维地质结构模型、1∶50000典型区（镇江）和重点城市区（苏州）模型，完成了江苏省重点地区的三维地质调查[10]。

我国学者根据"玻璃地球"的思路，提出了"玻璃国土"的概念[11]，他们认为我国大部分地区的三维地质模型应该属于中比例尺和小比例尺的中分辨率、低分辨率模型，而在少数矿集区和正在开采的矿山中，由丰富的勘探资料所建立的三维地质模型应属大比例尺的高分辨率模型。"玻璃国土"的最终结果，应是低分辨率、中分辨率和高分辨率模型的分区集成和大区域集成，甚至是全国集成。例如，在石油勘探领域，我国学者田宜平等人提出借鉴"玻璃地球"的思路，尽可能提高勘探水平和三维可视化建模水平，在"数字油田"的基础上使整个盆地的地质结构透明化，建立"玻璃油田"[12]。"玻璃油田"是将油田全部地质信息，物探信息和油井信息存储于专用计算机网络上的，可供多用户访问并开展决策分析的虚拟油田。

目前，我国已启动研制新一代对地观测系统"透视地球"。该系统依托电磁、微波、激光、重力等穿透性强且多维度、高密度的遥感探测技术，搭载于遥感飞机、卫星等，构建空天一体实验平台，可对地球物理空间、内部结构与演变开展综合探测与精细解析，既能精准洞察云中雨量，又能"透视"地下万米矿藏分布，将助力攻克地球系统重大科学难题[13]。

三维地图：身临其境游天下

地图从诞生的那一天起，就在人们的生活中发挥着重要的作用。早在2000多年前，我国就有了地图，长沙马王堆三号汉墓出土的地形图、驻军图和城邑图，是中国目前发现最早的地图，也是世界上保存至今的地图中年代最久远的地图。

最初的地图一般都是在羊皮、纸等材料上简单地绘制出道路、居民点和一些自然要素，易于携带且使用方便，但更新较慢，有时限于图纸比例，很多信息无法在图上标识出来，给使用者造成了一定的困难。随着计算机技术的发展，特别是地理信息技术的发展，出现了电子地图。

电子地图是一种以可视化数字地图为背景，用文本、照片、图表、声音、动画、视频等多媒体为表现手段，展示城市、企业、旅游景点等区域综合面貌的现代信息产品。与纸质地图相比，电子地图具有很多独特的优点，它的制作、管理、阅读和使用能够实现一体化，具备公交路线查询、旅游景点查询等功能，只要输入关键词就可以查询到用户需要的相关信息。不过，电子地图的使用要依赖专门的设备，例如计算机网络、车载导航仪等。

如今，人们已经开发出了最新型的电子地图——三维地图。这要归功于现代"3S"技术的飞速发展。"3S"技术指遥感（Remote Sensing，简称 RS）、地理信息系统（Geographical Information System，简称 GIS）、全球定位系统（Global Positioning System，简称 GPS）英文名称的合称。三者有机组合，一个动态的、可视的、不断更新的、通过计算机网络能够传输的、三维立体的、不同地域和层次的系统就出现了，人们也就实现了坐在电脑前环游世界的梦想。

我国也在这一研究领域进行了深入研究，并开发出了自己的三维地图。这些三维地图不仅画面清晰、精确度高，而且每一幕画面都像是一幅精美的桌面壁纸，红墙碧瓦的建筑物、青草绿水的自然风光都极为逼真，就连那一幢幢楼房共有几层都清晰可见。此外，还有一些街景地图将相机拍摄的三维实景与电子地图相结合，可以实现360°旋转、观察周围情况。打开街景地图，我们所看到的不再是抽象的线条，而是现实中真实的风景，有一种身临其境的感觉。

寻找地球的"排气孔"

我国广西壮族自治区乐业天坑群中有一个深达 350 米的巨大天坑，因洞中常有一股白雾源源不断地冒出来，被称为冒气洞。甚至有人说，洞口飘落的树叶都不会掉入洞中，而是会向上飞舞。正因为如此，这个天坑还被人们称作"地球呼吸孔"。

地球真的会"呼吸"吗？很显然不会，地球并不是一个生命体。但是，地球确确实实存在着奇怪的排气现象。

2006 年 11 月 3 日，广东省佛山市南海区平洲镇一位渔民在荒草地里割鱼草时，发现 10 多处有水的地方就像是开水沸腾一样不断地冒着气体，他用打火机一点居然把那些气体点着了。同样的怪事又发生在 2008 年 3 月 26 日，当日浙江省温州市平阳县鳌江边防派出所营房施工现场的工人发现，一块地势较低的积水处竟然有很多气体冒出，有人将一根小管子插到气体多的地方，用打火机一点，居然把气体点着了。

事实上，地球每时每刻都在向外界排放着各种气体，主要成分包括二氧化碳、甲烷、硫化氢等，这是地球上的一种普遍现象。它既可能来自地球的深部，也可能来自地球的浅部；既可以通过大的断裂排出，也可以通过遍布世界各地的温泉、热泉排出；既可能是大范围的突发性放气，也可能是沿着疏松介质持续或断断续续的放气。有科学家提出了"地球五个气

地表之下

圈"的理论[14]，也就是除了我们常说的大气圈外，还至少存在地核氢气圈、上地幔气圈、中地壳气圈、上地壳气圈等气圈。这些气圈随着深度的增大气体量也越来越大，地球的排气作用就是在巨大的压力、温度、浓度、密度、黏度梯度下反重力向外向上排放喷流而产生的。

地球排气最常见、最典型的例子就是火山爆发。当火山爆发时，强大的冲击力会将无数的岩石碎块、火山灰等固体物质射向高空，并伴随着巨大的声响，而这股强劲的力量就来自地球内部的气体。非洲中西部国家喀麦隆西北部有一个名为尼奥斯湖的火山口湖，奇怪的是，这个湖泊里面含有高浓度的二氧化碳。1986年8月21日，尼奥斯湖里的二氧化碳突然溢出，多达成千上万吨，在很短的时间内就造成周围村庄里的1746人和3500多头牲畜窒息死亡。尼奥斯湖也因此被人们称为恐怖的"杀人湖"。后来，科学家在湖底安装了排气管道，定期释放湖水中的二氧化碳气体，以免再次发生类似的灾难。

另一种常见的排气现象，与地下油气藏有关。2006年11月4日，广东省高州市金山经济开发区出现了"地气弥漫"的奇异景象！气体笼罩着面积数百平方千米的大地，场面蔚为壮观。据介绍，地气所发之地以前属于盆地。有资料记载，20世纪50至60年代曾有专家在此勘探，勘出地下藏有少量石油。由此可见，该现象与地质结构的变化息息相关，且在一定程度上与油气资源的储藏相关。

第三章 如何"看透"地球

土库曼斯坦卡拉库姆沙漠中燃烧着火焰的巨坑

1971年，一些地质工作者来到土库曼斯坦的卡拉库姆沙漠中进行地质勘探，寻找油气资源。他们在进行钻探时，工地上的钻机突然倒塌了，更可怕的是，钻探施工地居然出现了一个直径达70米的巨型塌陷坑。地质工作者来不及抢救仪器设备就不得不快速逃离现场，因为他们发现这个巨坑似乎在向外释放有毒气体。为了防止毒气蔓延到附近的村庄，有人想到用火点燃气体。然而，事情并不像人们想象得那么简单，几天过去了，几个月过去了……一直到今天，50多年过去了，这团烈火一直没有熄灭过。经测试发现，这些燃烧的气体其实就是宝贵的天然气，其组成成分主要是烃类气体甲烷，也含有少量乙烷、丙烷、丁烷、戊烷等。

地表之下

其实，不只是油气矿产资源，某些金属矿藏也存在着排气现象。例如，南非维特瓦特斯兰德金矿就有强大的烃类气体流，从深 3000 米或更深的现行矿井中每年释放约 $5×10^8$ 米^3 烃类气体，仅地下采金通风口一天排出的烃类气体就有 36700 米^3[15]。由此可见，地下油气、矿产资源的富集通常会在地表有所"暗示"，这些地方的某种气体会显示出明显不同于其他地方的高含量异常。如果我们能准确探测地表的某些气体成分，就可以推断地下的矿产资源，这种矿产资源勘探方法被称为"地气法"。早在 20 世纪 80 年代，中国、美国、俄罗斯等国就已经开始了这方面的理论研究和实践工作，并取得了丰硕的成果。

第三种排气现象发生在海底。2014 年，地质学家在美国东部的大西洋海底发现了 570 个不断喷出甲烷的气孔。地质学家们进一步研究发现，附近海底类似的排气孔数量可能高达 3 万个，而且存在时间很可能超过了 1000 年。

某些时候，突发的排气现象还可以作为地震的前兆，一些地震工作者尝试利用它来预报地震。因为在地壳受热受力形变破裂的过程中，各种气体会相应产生一系列物理化学变化，并产生各种声音，使地球物理化学场发生变异。有些气体携带着地壳形变过程中产生的热、电等能量以不同形式喷溢出地表，很容易影响低层大气物理化学场，造成燃烧、风、雨、雷、电、旱、涝等特殊变化。有些气体具有毒性，可使人和动物、植物出现异常，甚至死亡。因此，一些学者认为，许多自然灾害发生的内因都与地球的排气作用有关系，诸如地震、大旱、大水、热灾、雪灾、冻雨灾、沙尘暴、煤层大规模自燃、臭氧层空洞、厄尔尼诺、拉尼娜、赤潮等。

神奇的"钻地术"

在神话故事《封神演义》里,有个身材矮小却本领高强的土行孙,他擅长遁地术,能够在地下快速潜行。在法国小说家儒勒·凡尔纳所著的科幻小说《地心游记》中,3个主人公沿着冰岛的一个火山口深入地下,成功到达了地心。事实上,人类对地球内部的了解还远远达不到神话故事或科幻小说中描述的那样,因为以现有的技术手段,人类根本无法到达地心。请你开拓思维想象一下,在未来世界人类会用哪些方法进入地球内部呢?

有人提出可以借鉴航天科技的思路,向地下发射钻地火箭,并携带入地卫星,在地面用遥控卫星来观察和探测地球内部情况。这种方法就像医学上的胃镜检查那样,用一条纤细、柔软的管子伸入人的胃部,医生可以直接观察食道、胃和十二指肠等部位的情况。

有人提议用定向爆破机,朝地球内部进行定向爆破,"炸"开一条狭窄的通道,然后顺着通道朝内发射入地卫星。还有人提议用大量的熔化铁水或具有腐蚀性的强酸倒入地球某地的裂缝,让其逐渐烧穿岩石,然后让由耐高温和耐腐蚀材料制造的"入地卫星"或"载人潜地艇"紧随其后深入地球内部,但这种方式未免对地球的破坏太大了!

还有一些听起来比较合理的方案。有人建议使用纳米机器人,让其顺着地球某处的裂缝或地下河、地下溶洞走入无人之境,并赋予其钻地能力,

地表之下

如蚂蚁打洞那样，以极小的身躯穿行于密实的岩层中间。1992年，美国国家航空航天局就曾经用"但丁号"八脚机器人探索过南极洲的埃里伯斯火山，主要目的是想走进火山口熔岩湖获取气体样本并测量温度。然而，由于探索过程中的远程操作通信中断，"但丁号"机器人并未成功到达火山口底部，也没有记录下可靠的数据。但这项由研究人员远程操控的探索试验开辟了机器人探索危险环境的新纪元，具有里程碑意义。

当你进行天马行空想象的时候，不要忘记一个重要的事实：越往地下深处温度越高，平均深度每增加100米，地温将会增高3℃，到达地核之后温度可高达6000℃。抵御如此高温对探测仪器本身而言是一种极大的考验。或许，未来的人类会有更聪明的办法来解决这个难题。

城市地下空间的"透明化"

对于人口密集的城市而言,规划建设用地非常紧张。立体化的发展模式使得我们将目光转向脚下,即地下空间。地下空间是城市可持续发展的宝贵资源,这里不仅可以建设道路交通、工厂、仓库、地下商场,还可以埋设电力、供水、供暖等多种市政公用设施。

据估算,我国城市每年因施工引发的地下管线事故,造成的直接经济损失约50亿元,间接经济损失约400亿元。例如,2016年10月16日,郑州市农业路经三路向西200米路北,一处施工工地内的水管被挖破,水柱喷出10米多高。同年10月18日,由于道路施工的工人操作不慎,将天然气主管道挖断,重庆市巴南区发生天然气泄漏事故。

借鉴纽约、伦敦、巴黎、东京等城市的经验,我国的城市地下空间开发和利用应以合理规划和建设为前提,市政施工和管理部门对地下交通、电力、电信、供热、供水、油气等管线资料实现充分共享,并由相关单位统一协调和管理,建设城市地下空间管理系统。以北京市为例,截至2024年6月,北京市地下各种管线长度总计超过23万千米。随着2022年"北京市地下管线防护系统"上线,施工破坏地下管线事故每年下降七成。事实上,早在2015年,北京市就在城六区及远郊区新城地区共计3400千米^{2}的范围开展地下管线基础信息普查[16],将市政府相关部门、各区街道乡镇、各行业管理单位和专业公司、权属单位的所有图纸收集在一起，把图纸上的各种管道整合在"一张图"上，逐个核实管道是否还在使用，目的是要建立一套地下管线综合管理的信息系统，按照统一的数据标准，实现信息的即时交换、共建共享、动态更新。这样一来，就相当于实现了地下空间的"透明化"，以后在规划、建设、运行和应急时，只需要打开这套系统，就可以查阅到详细的信息，从而避免因施工引发的各种管道破坏事故。

除北京市外，江苏省南京市、四川省成都市、云南省昆明市、山东省济南市等多个城市也都在积极建设全市地下管线地理空间信息系统或城市三维地下管线管理系统，实现三维展示复杂的"地下迷宫"，逐步实现地下管网的"透明化"，这也是未来地下管线管理的主要发展趋势。

高空遥感：观察地球的"千里眼"

遥感，顾名思义就是"遥远的感知"，它不需要接触被观测的对象，而是利用飞机、人造卫星、宇宙飞船等观测平台安装的传感器，探测和接收来自目标物体的信息，例如电场、磁场、电磁波等，有空中"千里眼"之称。通过遥感我们不仅能够看到肉眼看不到的东西，还可以对它们进行动态观察。

2016年4月，我国地质工作者在陕西省开展地质遗迹调查时，有一位专门从事遥感研究的技术人员发现，卫星图像拍到了疑似天坑的痕迹。随后，专家组深入秦岭、大巴山区对圈定的可疑地点进行实地调查，最后发现天坑54个，其中包括2个口径大于500米的超级天坑，这就是著名的汉中天坑群。汉中天坑群是湿润热带、亚热带岩溶地貌区最北界首次发现的岩溶地质景观，也是中国岩溶台原面上发育数量最多的天坑群，对其形成机理、条件、演化规律等方面的研究，将对中国南北方乃至全球古地理环境及气候变化的对比分析具有重要的科学价值。

为何这么多、这么大的天坑以前没有被人发现呢？原因在于汉中天坑群所在地的地形十分复杂，高大粗壮的树木形成了茂密的原始森林，阻挡了人们的脚步和视线。直到遥感技术"大显身手"，发现了天坑存在的"蛛丝马迹"，专家组才能最终揭开了这里的神秘面纱。所以，有人在总

地表之下

结汉中天坑群的发现过程时,忍不住称赞这是"一张卫星照片与天坑结奇缘"。

俄罗斯也有类似的故事。遥感卫星发现位于西伯利亚的哈巴罗夫斯克边疆区有一个奇怪的圆形地貌,边缘隆起成为高高的山脊,中心凹陷,像个大大的平底锅。周围的山脊岩石裸露,但圆环内外都生长着茂密的植被,圆环北部有一个缺口,可供圆环内汇集的雨水向外流出。这是天坑还是火山口?地质学家并未在这里发现与天坑成因有关的岩溶现象,也没有找到火山喷发的痕迹,但是通过重力探测和磁场探测发现,这个圆环地貌的下方存在一个垂直的熔岩柱,向地壳深处延伸至少10千米。这也就意味着这里确实是岩浆活动的地方,但岩浆并未喷出地表。至于它为何会形成规则的圆环形构造,至今仍是未解之谜。

2017年年初,当遥感卫星飞过俄罗斯西伯利亚上空时,发现亚纳河盆地附近竟然静静地"趴"着一只长度超过1000米的"超级大蝌蚪"。这究竟是怎么回事呢?

原来,这是一个深处约为86米深的巨大深坑,名为巴塔盖卡坑,早在20世纪60年代就已经被当地人发现。后来,它越变越大,而且越来越深,时至今日已经"生长"成一只"超级大蝌蚪",大大的脑袋拖着长长的尾巴,令人惊叹不已。从成因来看,巴塔盖卡坑其实是一种冻融地貌,由于当地大片森林被砍伐,树荫减少,植物的蒸腾作用减弱,导致地表温度逐渐升高,冻土融化,水土流失,因而形成超级大坑。

冻土指在0℃或0℃以下冻结,并含有冰的岩土(土壤、土、岩石)。一般来说,冻土内部结构可以分为上下两层,其中上层为季节性冻土,它会在夏季融化而在冬季再次冻结,所以也叫冻融层;下层为多年冻土层,长期保持冻结状态。冻土的冻融变化与全球气候变化密切相关,是气候变暖的一种信号。"超级大蝌蚪"的出现正说明西伯利亚的冻土层正在部分融化，在一定程度上证明了全球气候仍在继续变暖。

2016年，美国国家航空航天局在官网公布了一张南极洲拉森C冰架的照片，照片中显示该冰架出现了一道巨大的裂缝。据了解，该裂缝长达113千米、宽91米、深度约531米，引起社会的广泛关注。许多国家的科学家分析数据后预言拉森C冰架将在未来数月内崩解，其崩解产生的冰山面积可能会超过5000千米^2，将成为世界最大的冰山之一。果不其然，2017年7月，一块面积约5698千米^2、重达万亿吨的巨大冰山从南极洲的拉森C冰架分裂，在威德尔海漫无目的地漂流着。这一情况被我国的"高分1号""高分3号"等卫星监测到，也引起了相关部门的注意。尽管拉森C冰架崩解入海对海平面上升不会造成太大影响，可是与大陆冰川相连的冰架一旦断裂，就会大大降低冰川流动的阻力，加快大量冰体流入海洋的速度，冰川不断减少的趋势几乎难以挽回。有专家称，到2050年，南极冰川融化速度将提高1倍，在近100年内，南极冰川将可能全部崩塌。目前，全球海平面每年上升3毫米（有的地区甚至会上升9毫米）。根据预测，如果拉森C冰架全部融化，将导致全球海平面上升10厘米。

遥感技术就像是飞在天上的"眼睛"，时刻关注着地球上的各种变化，它获取信息速度快、周期短，可以在短时间内实现动态、全面的监测，对监测全球气候变化以及由此而造成的地形地貌变化，甚至自然灾害的监测和防灾减灾发挥着越来越重要的作用。

地表之下

深地探测：入地的"望远镜"

20世纪90年代初，由德国牵头，在国际地学界的支持下，28个国家的250位专家出席并讨论了国际大陆科学钻探计划。1996年2月26日，中国、德国、美国三国签署备忘录，成为发起国，正式启动国际大陆科学钻探计划。国际大陆科学钻探计划是一个全球性的、投资巨大的、需要一系列高新技术支撑的大科学项目。自成立至今，由国际大陆科学钻探计划参与完成的科学钻探项目已超过30个，取得了一大批重要成果。[17-18]

在深地科研方面，我国积极响应国际大陆科学钻探计划的号召，启动了中国大陆科学钻探计划。2001年，中国大陆科学钻探工程第一口井在江苏省连云港市开钻。2005年钻探结束，这次钻探共钻进5158米。随后，我国在这口钻井的基础上建立了深井地球物理长期观测站，在主孔的544米、1559米、2545米和4190米4个深度分别安放了两套高精度数字地震仪和一套地温观测仪，又在其他深度安装了深井多分量地应力观测仪器、地磁仪、水压仪等地球物理监测仪器。对地震事件地应力、磁力、孔隙压力、温度及水位进行了实时综合观测，目的是通过开展地震监测和综合地球物理观测等长期地质研究，为监测中国东部郯城—庐江断裂带及邻区地壳活动性和动力学状态积累科学、系统的资料。

此后，我国又开展了青海湖国际环境科学钻探、松辽盆地白垩系国际

第三章　如何"看透"地球

大陆科学钻探、柴达木盆地盐湖环境资源科学钻探、中国大陆科钻资源集成计划等。2007年10月，"松科"1井的钻探工作在我国松辽盆地北部完成。松辽盆地是典型的陆相沉积盆地，保存着白垩纪最完整、最连续的陆相地层，这里还是我国最重要的含油气盆地，在该区域实施科学钻探的主要目的，就是探索深部能源资源和探究距今1.45亿～0.65亿年间地球温室气候变化。2014年4月，"松科"2井正式开钻，设计深度为6400米，预计获取4500米的关键岩心。2018年5月顺利完井，该钻井的实际钻探深度为7018米，刷新了我国大陆科学钻探的纪录。这也是全球第一口钻穿白垩纪陆相地层的大陆科学钻探井，标志着我国在"向地球深部进军"的道路上迈出了坚实的一步。

近年来，为保障国家能源安全，油气勘探开发领域实施的"深地工程"也取得了一系列新的突破。2023年2月13日完成钻探任务的"蓬深"6井最深达到了9026米，刷新亚洲最深直井纪录。2023年5月1日，位于塔里木盆地的中国石化"深地1号"跃进3-3XC井正式开钻施工，10月26日完钻，钻井深达9432米，刷新了亚洲最深井纪录，这不仅为我国今后进

"深地1号"跃进3-3XC井

军万米深地提供核心技术和装备储备，也证明中国深地探测系列技术已跨入世界前列。

2023年5月30日，位于我国新疆塔克拉玛干沙漠腹地的"深地塔科"1井开钻。技术人员凭借精湛的专业能力和惊人的毅力朝着万米深度挺进，终于在2025年2月20日，以10910米的垂直深度完钻，成为亚洲第一、世界第二的陆上垂直深井。这一壮举不仅标志着我国在深地领域的技术跨越，更将人类对地球内部的认知推向了新纪元。

深海探测：探底万米深渊

在浩瀚的深海中开展详细的海底探查并不是一件容易的事情，因为要同时克服海水的流动性和深水中的强大压强，难度非常大。目前，我们研究海底地质，主要还是依靠现场调查、钻探和地球物理勘探等手段。

首先，需要具有特殊功能的海洋调查船。这种专门从事海洋地质调查的船舶除了安装有雷达及卫星导航仪等定位导航设备外，还装载回声测深仪、旁侧声纳，用于探查海底地形地貌。拖网、抓斗、采泥器等用来获取沉积物和岩石样品。地球物理勘察设备用于探测海底地质构造及矿产资源。除此之外，船上还设有地质实验室、化学实验室。现在我国已有自主设计制造的海洋地质调查船，如"海洋1号""海洋2号""奋斗1号""大洋1号"等，它们都肩负着海洋地质勘查和矿产资源调查的任务。

其次，无论是陆地探测还是海洋探测，钻探始终都是最直接的地质勘查手段。1968年8月，美国国家科学基金会等机构资助实施了深海钻探计划。截至1983年11月这一计划结束时，"格罗玛·挑战者号"钻探船共完成了96个航次的钻探工作，在太平洋、大西洋和印度洋624个站位上钻井1092口，单井钻入洋底最大深度为1741米，共获取岩心97056米。不仅证实了海底扩张和板块构造理论，还揭示了中生代以来的板块运动史，同时也发现了丰富的海底矿产资源，如石油、天然气、金属矿等。此后，多

地表之下

国合作开展了一项更为宏伟的国际大洋钻探计划（1985—2003年）。我国于1998年4月加入国际大洋钻探计划，成为第一个参与成员。截至2002年6月，该船共接受来自40多个国家的近2700名科学家上船考察，在全球各大洋钻井近3000口，钻取的岩心累计达215千米，钻探最大水深达5980米。该计划取得了一系列开创性成果。例如，建立并量化了1亿年来全球环境的变化，发现了全球性瞬时气候事件、全球大洋缺氧事件，验证了板块构造关于火山链"热点"成因的假说等。

2003年，在深海钻探计划和国际大洋钻探计划的基础上，世界多个国家参与实施了综合大洋钻探计划。

该计划以"地球系统科学"思想为指导，计划打穿大洋壳，揭示地震机理，探明深海海底的深部生物圈，理解极端气候和快速气候变化的过程等，其钻探范围扩大到包括陆架浅海和极地海域在内的全球所有海区，涉及的领域也从地球科学扩大到生命科学。2013年起，国际综合大洋钻探计划改名为国际大洋发现计划，新的计划科学视野更加宽阔，目标也更加宏伟，以探索地球内部和了解整个地球系统为目标，试图通过对海洋的研究认识地球生命起源，探索地质演化的过程，理解地球圈层之间的相互作用。

深海钻探船是各项大洋钻探计划的核心。国际上先后有美国的"格罗玛·挑战者号"钻探船、"乔迪斯·决心号"大洋钻探船和日本的"地球号"深海钻探船投入大洋科学钻探。以连续"服役"国际大洋钻探计划和综合大洋钻探计划的"乔迪斯·决心号"大洋钻探船为例，它的总排水量为9050吨，船身长143米，宽21米，钻塔高61.5米，钻探最大水深8235米，海底下最大钻探深度为4000米左右，能在海洋中连续航行75天。它从1985年起成为国际大洋钻探计划的专属钻探船，截至2003年9月共实施了111个航次。"地球号"深海钻探船能够在地幔、大地震发生区域进行较大深度的钻探作业。2011年3月11日,日本发生9.0级大地震,"地球号"深海钻探船被海啸破坏,停用了数月,维修之后重返大洋,并于2012年4月27日在宫城县近海钻探到了海平面以下7740米深处。

最后,需要建造具备深潜能力的深潜器。这种装置可以分为载人和非载人两种,通常是由母船沉放到海底进行观测和取样。1960年,美国的"的里雅斯特号"潜水器成功在太平洋马里亚纳海沟载人下潜到海平面下10911米(海沟最深点为11034米)。但是,这种深潜器还比较原始,尚无航行和作业能力。我国的"蛟龙号"载人潜水器不仅可以对海底小范围地形地貌进行测量,还可以获取岩石样品,通过水下摄像、照相等方法直接观测海底沉积物及其动态。

从2009年8月开始,我国的"蛟龙号"载人深潜器先后组织开展了1000米级和3000米级海试工作。2010年5月31日至7月18日,"蛟龙号"载人潜水器突破3000米级下潜深度,最大下潜深度达到3759米,超过全球海洋平均深度3682米,这标志着我国成为美国、法国、俄罗斯、日本之后第5个掌握3500米以上大深度载人深潜技术的国家。2011年8月18日,"蛟龙号"完成5000米级海试,最大下潜深度达到了5188米。2012年6月,短短一个月的时间内,我国的"蛟龙号"载人潜水器成功完成了5次7000米级海试工作,最大下潜深度达到了7062.68米,极大地提高了我国的海洋深潜能力。"蛟龙号"入水成功突破7000米深度,这意味着我国的海洋深潜器能够在占地球海洋面积99.8%的广阔海域中行驶。此外,"蛟龙号"还可以进行海底照相和摄像、沉积物和矿物取样、海底地形和地貌测量等多项工作,具备很高的精确定位能力,可以把科学家载至深海精确地点展开科研实验。

值得一提的是,2012年6月24日,航天员驾驶"神舟9号"飞船与"天宫1号"目标飞行器成功对接,这标志着我国完整掌握了空间交会对接

地表之下

技术。同一天,"蛟龙号"载人潜水器在世界最深渊——太平洋马里亚纳海沟下潜至 7020 米,创造了中国载人深潜新纪录。这一天,中国同时诞生了载人航天和载人深潜的新纪录。那一天的 17 时 41 分,"神舟 9 号"上的景海鹏、刘旺、刘洋 3 位航天员与"蛟龙号"上的叶聪、刘开周、杨波 3 位潜航员互致祝贺和问候。"蛟龙"与"天宫"之间实现了跨越海天的对话,向世界展示了我国近年来在"上天、入地、下海、登极"等科研领域内取得的辉煌成就,彰显了我国的科技水平和综合国力。

"蛟龙号"入水瞬间

第三章 如何"看透"地球

2020年11月10日,我国研发的全海深载人潜水器"奋斗者号"在马里亚纳海沟成功下潜达到10909米,创造了中国载人深潜的新纪录。这标志着我国具有了到达世界海洋最深处开展科学探索和研究的能力,体现了我国在海洋高技术领域的综合实力,极大地增强了中国科技工作者进军深海、探索海洋奥秘的信心和决心,加快了我国挺进深海、寻找矿产资源的步伐。深邃、富饶而神秘的海底世界正在慢慢地被我们揭开面纱。

全海深载人潜水器"奋斗者号"

第四章

地球深部探测能帮我们做什么

向地球深部进军是时代发展的迫切需求，也是未来地球科学研究的方向。我们相信，随着人们对地球了解得越深入，我们开发矿产资源的能力和防治地质灾害的能力也越强。虽然实现全球范围的"透明化"还需要很长一段时间，但前瞻性的思想必须走在时代的前面。也许，这需要数十年甚至上百年，但我们始终坚信，只要人类探索地球奥秘的步履不停，"一眼看透地球"的梦想终将实现。

地表之下

对深部资源的开发更有效

　　海洋是一个巨大的资源宝库，不仅蕴藏着大量的石油、煤炭、天然气等资源，还埋藏着大量的金属矿产，是个名副其实的"聚宝盆"，是人类共同的财富。如今，海洋正成为人类解决资源短缺、拓展生存发展空间的战略必争之地。

　　根据《联合国海洋法公约》的规定，国家管辖范围以外的海床和洋底及其底土被称为"国际海底区域"，该区域及其资源是人类共同的财产。在这片广阔的区域中，已经有大量的锰结核、热液硫化物等海洋矿产资源被发现，所以有人称为"地球上尚未被人类充分认识和利用的潜在战略资源基地"。

　　由于技术水平和经济条件的限制，目前人们对于海洋中石油、天然气、金属砂矿等资源的开发和利用主要集中于滨海和大陆架，即使是海底煤田也往往是陆地煤田向海底延伸的部分。如果把目光投向漆黑神秘的海底，我们就会发现，这里还有一片更为广阔的天地，除了大家熟知的石油、天然气产自这里，还有更多未知的东西等待我们去探索。随着研究的不断深入，越来越多的国家逐渐将目标放在深海领域（一般指水深大于500米的海域），深海海底沉积物便是当前海洋科学研究的热点之一。

　　1872—1876年，英国"挑战者号"考察船进行科学考察期间，发现

第四章 地球深部探测能帮我们做什么

了一种奇怪的东西，科考人员从海底打捞出一些直径 5～10 厘米、大小如同土豆一般的黑色团块状物体。它们究竟是什么呢？其实在多年的科考中，科考人员发现这种"黑土豆"在大多数海洋中都存在。后来，经过鉴定分析，科考人员发现这种东西居然富含铜、镍、钴等多种元素，难怪它们又黑又沉，原来里面有这么多金属物质。因为这种物质的是同心圆环状构造的，就像病人身上的肿瘤一样，所以又称为锰结核、锰矿瘤，或者干脆就叫它大洋多金属结核。

虽然目前我们未能完全了解锰结核究竟是如何形成的，但大多数人认同一种观点：水成作用，即金属成分缓慢从海水中析出，不断沉淀，以贝壳、鱼齿、珊瑚碎片、岩屑等为核心形成结核体。一般情况下，锰结核直径为 1～20 厘米。由于锰结核的形成源于海洋沉积，所以这种矿床是陆地上没有的一种特殊矿床，主要分布于大洋底部水深 3500～6500 米深海平原的松软表层沉积物中。

有人估计，世界上各大洋中锰结核的总储藏量约为 3 万亿吨，按照锰结核中各种金属元素的平均含量计算，仅太平洋中的锰结核就含有锰 4000 亿吨、镍 164 亿吨、铜 88 亿吨、钴 58 亿吨。更令人惊讶的是，这种矿床不仅储量很大，而且还在继续生长中，是取之不竭的"活"矿床。

当然，依据当前的科技手段，要实现大规模开发锰结核，还不现实，通常认为，锰结核的平均丰度（每平方米的多金属结核重量）要达到 5 千克以上，才具有可观的经济价值。

另一种海底矿产资源——深海稀土矿，也深深地吸引着全世界的眼球，迅速成为矿业界的热点话题。稀土元素是钪、钇、镧、铈、镨、钕、钷、钐、铕、钆、铽、镝、钬、铒、铥、镱、镥 17 种化学元素的统称，被誉为"万能之土"。从手机触摸屏到战斗机，都离不开稀土元素。它广泛应用于农业、化工、建筑等传统产业，又是信息技术、生物技术、能源技术等高

地表之下

技术领域和国防建设的重要基础材料。

我国拥有世界第一的稀土资源量和稀土产量，也是世界上唯一个拥有完整稀土产业链的国家。日本是世界第三大的稀土消费国，也是陆地稀土资源极度匮乏的国家，其稀土进口依赖于中国。

2018年4月，日本早稻田大学讲师高谷雄太郎和东京大学教授加藤泰浩等人组成的研究团队宣布，日本最东端的南鸟岛以南的海域内，储藏着超过1600万吨的稀土资源，可供全世界使用几百年，其中包括可供全球使用780年的钇、620年的铕、420年的铽和730年的镝。

但是，南鸟岛地处太平洋中部，这里的平均海深超过4000米，要想开采稀土资源，最关键的就是要解决深海开采技术问题。虽然深海开采难度很高，但以现在的技术而言，进行小规模的开采还是有希望的。像中国的"奋斗者号"全海深载人潜水器就曾在马里亚纳海沟成功下潜至10909米。不过，除技术外，另一个关键的问题就是成本问题。有学者计算过，如果日本开采南鸟岛周围海域的稀土，所花费的成本是极其高昂的。

对深海能源的开发更广泛

2017年5月18日，国土资源部发布消息称，我国首次实现海域可燃冰试采成功。消息一出，引起广泛热议，很多媒体称"这将推动一场新的能源革命"。可燃冰究竟是什么东西呢？它到底有多大的价值？为何如此备受关注呢？

可燃冰的学名是天然气水合物，它是由碳氢化合物气体与水分子在高压、低温条件下形成的一种固态结晶物质，又称甲烷水合物，遇火即可燃烧，俗称可燃冰。

这种物质是如何形成的呢？简单来说，可燃冰是由细菌等微生物形成的，海底的动植物残骸被细菌分解时，残骸中的碳元素和氢元素合成为大量的甲烷气体被释放出来，但是在海底高压、低温的环境下，甲烷分子被锁进了水分子形成的"笼子"之中，所以就形成了结构独特的笼型结晶化合物，从外表上看是无色透明的，像冰块一样。还有一些可燃冰的形成与石油、天然气有关，在板块运动或断层活动的影响下，地层深处的石油、天然气产生的甲烷气体沿着裂隙上涌，到达海底或陆地上的冻土层中与水发生作用，形成可燃冰。

可燃冰形成于高压、低温（一般小于10℃）环境，分布于水深大于300米以上的海底沉积物或寒冷的陆地永久冻土带。

地表之下

在可燃冰的分子结构中，大量甲烷分子被牢牢锁住，如果将其放在常温常压下，1米^{3}的可燃冰就可以释放出164米^{3}的甲烷气体和0.8米^{3}的水。所以，我们可以把它看做一种高度压缩的甲烷气体。甲烷是一种能源气体，由碳和氢两种元素组成，分子式为CH_4，在自然界分布广泛，天然气、沼气的主要成分都是甲烷。甲烷不仅可以直接用作燃料，还可以作为重要的化工原料用于制造各种高分子化合物。甲烷气体作为燃料最典型的优点就是燃烧后只生成水和二氧化碳，是一种相对环保的能源。

据地质学家估算，目前全球可燃冰储量大约为$(1～1.1)\times10^{16}$米^3，它所含有机碳资源总量相当于全球已探明化石燃料（煤、石油与天然气）含碳量的2倍。

虽然可燃冰储量丰富，但它所处的地质环境却非常复杂，而且在开采过程中，可燃冰会从固态变成气态。与煤炭、石油和天然气相比，可燃冰开采技术上面临着更大的挑战，经济上也面临着开采成本的制约。2002年，加拿大和日本的研究人员在加拿大麦肯齐河三角洲进行可燃冰开采试验，所用的方法是热解法，通过加温的方式向可燃冰层注入热能，使其由固态分解出甲烷气体。但是，这种方式需要消耗大量的能源来提供热量，成本高昂。到了2008年，这些研究人员改变了策略，采用降压法，把可燃冰中的水分抽出来，将海底原本稳定的压力降低，从而打破天然气水合物储层的成藏条件，促使可燃冰失稳分解，水和甲烷分离，然后提取出甲烷。通过多年的不断试验，2013年3月12日，日本科学家宣布他们已经成功地从海底提取出了可燃冰。然而，在试采持续了6天之后，由于泥沙堵住了钻井通道，试采被迫停止。

我国可燃冰资源调查起步较晚，但进步较快，1995年地质矿产部设立可燃冰调研项目，经过22年，我国不仅摸清了可燃冰"家底"，还实现了勘查理论、勘查技术和勘查装备的创新，成功对海域可燃冰进行了试采。

第四章 地球深部探测能帮我们做什么

2017年5月18日，我国首次海域可燃冰试采成功，试验地点位于南海北部神狐海域水深1266米海底下方203～277米的海床中。自5月10日正式出气以来，每日试采的取气量超过10000米^3，最高日产达到了35000米^3，连续产气时间超过1周。这是我国首次可燃冰试采成功，我国成为世界上第4个通过国家级开发项目发现可燃冰的国家，这一成果对促进我国能源安全保障、优化能源结构，甚至对改变世界能源供应格局都具有里程碑意义。

地表之下

对地热能源的开发更深入

我国科学家可燃冰勘探和开采取得了突破性进展后不久,另一条关于新能源的消息震惊了世界:中国科学家在青海共和盆地3705米深处钻获236℃的高温干热岩体。媒体称这是我国首次钻获温度最高的干热岩体,实现了干热岩勘查的重大突破。

干热岩是什么?它有哪些应用价值呢?

干热岩是一种干燥、炽热的岩石。干热岩作为一个概念,有不同的界定,目前比较认同的定义是埋藏于地下3～10千米,没有水或蒸汽的、温度为150～650℃的致密热岩体。面对这种埋藏于地下的、温度高达数百摄氏度的岩石,科学家会想到什么呢?当然是地热资源!如果能把它里面蕴含的热量提取出来加以利用,那岂不是一种源源不断的能量吗?

说起地热,大家不会感到陌生。地下放射性元素衰变放热及地幔热流通过基岩传播而来,再加上地球转动能的转变、重力分异、化学反应和结晶热等,使得地球成为一个巨大的地热资源宝库。当地下水的深处循环和来自深部的岩浆侵入到地壳以后,就会把热量带到近地表。据估算,它的总热量约为地球上全部煤炭储量的1.7亿倍。其实很多人都亲眼见过地热资源,如温泉就是地热的一种形式,它以蒸汽和液态水为主,名为"水热型

第四章 地球深部探测能帮我们做什么

地热资源"；与之相对的就是不含水的"干热型地热资源"，如干热岩、岩浆等。

考虑到地热增温率，我们不难想象，干热岩几乎是无处不在的，只要挖掘到一定的深度，就能发现它们的身影。有科学家估算，地壳中的干热岩所蕴藏的能量相当于全球所有石油、天然气和煤炭所蕴藏能量总和的30倍。仅我国陆地上的干热岩资源量就相当于860万亿吨标准煤，假如按照仅有2%可以开采利用来计算，那也相当于17.2万亿吨标准煤。以我国2024年全年能源消费总量为59.7亿吨标准煤来算，这些干热岩资源足够我国使用数千年！

不仅如此，干热岩作为一种新型能源，还有许多优势。它是一种可再生的清洁资源，其开发过程不仅可以做到安全、环保，而且高效节能，就发电而言，只需在初期钻井时投入，之后就可以靠自身能量运转。

开发干热岩最简单的思路就是注入凉水，抽出水蒸气。20世纪70年代，美国科学家在新墨西哥州的芬顿山进行了干热岩开采试验，他们的基本思路是：利用钻机打两口很深的钻井到达地下干热岩体，然后利用高压水流使两井之间岩体产生的裂缝形成通路，通过往其中一口井里注水，从另外一口井中收集被加热后的水蒸气，从而推动发电机发电。整个过程就是把地下热能首先转换为机械能，然后再把机械能转换为电能。此次试验证明了技术的可行性，几年之后他们又在芬顿山再次进行了试验，在深度为3680米的地方找到了238℃的干热岩，历经30天的抽水试验，当供水量达到每小时50米^3，抽取的水温可达到200℃，从而证明了这种方法在商业上也具有可行性。此后，德国、法国、澳大利亚等10多个国家都开展了干热岩研究。

我国干热岩研究起步相对较晚，21世纪初才开展系统理论研究和调查评价工作。虽然近些年来对干热岩的勘探取得了重大突破，但仍有许多亟待解决的问题，例如，如何保证在高温高压下安全稳定地进行深部钻探？如何通过钻孔向深部干热岩体注入高压流体促使水热交换？尽管还有很多困难，但并没有阻挡人们开发地热资源的步伐。相信随着技术的发展和进步，地热利用将为全球能源结构转型提供持续动力。

对深部灾害的预警更及时

地震究竟能否预报，人们已经争论了很多年。准确的地震预报需要回答三个问题：何时、何地、将要发生何种级别的地震。其中最困难的是对发生时间的预测。根据目前的科技水平，提前发布预警信号比地震预报更具有可靠性。

所谓预报，是对尚未发生的灾害事先做出预测；而预警则是地震已经发生但尚未造成破坏之前发出警报，利用短暂的时间差及时疏散人群。它的工作原理很简单：地震发生时，会同时产生两种地震波，一种是传播速度约为6千米/秒的纵波，另一种是传播速度约为3.3千米/秒的横波，地震监测台网一旦发现地震波，就迅速利用传播速度为30万千米/秒的电磁波向大家发出预警信号，让速度更快的电磁波"跑赢"地震波，为人们提前避险争取宝贵的时间。

现如今，地震预警技术已经得到成功应用。例如，2021年9月16日4时33分，四川省泸县发生6.0级地震，中国地震局与成都高新减灾研究所联合建设的中国地震预警网成功预警了此次地震，通过手机、电视等多种渠道给泸州市提前6秒预警，给重庆市提前31秒预警，给成都市提前49秒预警。可别小看了这短短的几秒或几十秒时间，如果大家在收到预警信息后迅速跑到安全地带，就可以保护自己。预警留给人们逃生的时间越长，

地表之下

地震可能造成的人员伤亡就会越少。

然而，地震预警能够利用的时间差往往十分短暂，很难把控。这就需要我们提前查明地震可能发生的区域或可能遭受严重破坏的区域，时间与空间相结合，才能使地震灾害的预警更及时。

地质学家经过长期的研究发现，活动断裂所在的位置往往是地震发生时破坏最严重的区域，其损失程度均明显大于断层两侧其他区域。所谓的活动断裂是指距今 10 万～12 万年以来发生过活动、现在正在活动、未来一定时期内仍可能发生活动的断裂。可以毫不夸张地说，虽然地震的成因有很多，但造成重大灾害的元凶往往是活动断裂。例如美国的圣安德烈斯活动断裂带，贯穿于加利福尼亚州，在陆地上的长度超过 1200 千米，切割深度超过 16 千米。1906 年，美国旧金山发生 7.9 级地震（后来修正为 8.3 级），40 秒内这座世界名城化为一片废墟，此次地震就与圣安德烈斯断裂带的活动有关，由于断层穿过市区，造成了惨重的人员伤亡和经济损失。1923 年日本关东 8.2 级地震，震中在东京附近 60～80 千米的相模湾。这次地震与穿过相模湾的一条活动断裂有关。1976 年，发生在我国唐山市的 7.8 级地震是我国历史上一次罕见的城市地震灾害，该地震发生在沧东断裂与昌平—丰南活动断裂的交汇处。

从人工开挖的探槽侧壁上可以清晰地看出活动断裂引起了地表土层的错动

第四章 地球深部探测能帮我们做什么

1999 年土耳其伊兹米特 7.8 级地震，发生在北安纳托利亚断裂带上，地震时在地表形成的破裂带长约 180 千米，最宽处为 50 多米，使得断裂带附近的建筑物遭受到毁灭性的破坏。

历史不止一次告诫我们：活动断裂不容忽视。要实现精确的地震预警或预报，必须首先把活动断裂研究清楚。如今，世界各国的地质学家已经发现了多条活动断裂带，典型的活动断裂带如下。

北安纳托利亚断裂带：穿过土耳其北部和黑海南部，长约 1500 千米，位于非洲板块和亚欧板块之间。

菲律宾活动断裂带：大致与菲律宾边缘的活动板块边界平行，长约 1500 千米，是亚欧板块与菲律宾海板块交界之一。

日本中央构造线活动断裂带：日本最大的活动断裂系，从九州到关东延伸长达 1000 千米，在地貌上形成了显著的直线状河谷。

阿尔派恩活动断裂带：穿越新西兰南岛，总长度超过 600 千米，是太平洋板块与印度洋板块在陆地上的分界线。

瓦沙奇活动断裂带：位于美国犹他州，近南北方向延伸约 370 千米。

塔拉斯—费尔干纳活动断裂带：中亚最大规模的断裂，将中亚地区的中、南天山错开成东、西两段，在中国境内长 80 千米，向西延伸至吉尔吉斯斯坦境内。

阿尔金山活动断裂带：青藏高原西北边缘的一条自然边界，可进一步划分为两条大的一级断裂带，即长 1600 千米的阿尔金南缘活动断裂带和长 600 千米的阿尔金北缘活动断裂带。

东昆仑活动断裂带：位于青藏高原北部，全长超过 1000 千米。

对活动断裂和地震的研究是国际大陆科学钻探计划项目中的重要内容，自 1996 年以来，该计划已经在多个活动断裂带上实施过钻探，其中包括圣安德烈斯活动断裂带、中国台湾省的车笼埔断裂带、龙门山断裂带、希腊的柯林斯湾断裂带、新西兰的阿尔卑斯断裂带、土耳其的北安纳托利亚活动断裂带等。随着地质学家的研究不断深入,我们相信,未来的人们将有能力更加从容有效地应对地震灾害。

参考文献

[1] 董树文，李廷栋，高锐，等. 地球深部探测国际发展与我国现状综述[J]. 地质学报，2010，84（6）：743-770.

[2] 贾斌. 大数据呈现"看不见"的地球内部——聚焦世界各国地球深部探测技术[N]. 中国国土资源报，2017-12-2（6）.

[3] 刘树臣. 发展新一代矿产勘探技术——澳大利亚玻璃地球计划的启示[J]. 地质与勘探，2003，39（5）：53-56.

[4] 刘志强，陈宣华，刘刚，等. LITHOPROBE——加拿大地球探测计划[J]. 地质学报，2010，84（6）：927-938.

[5] 刘学. 美国"地球透镜计划"10年回顾[J]. 国际地震动态，2014（2）：15-17.

[6] 赵纪东. NSF宣布完成地球透镜计划移动地震阵列在阿拉斯加的部署[J]. 国际地震动态，2018（1）：4.

[7] 刘刚，董树文，陈宣华，等. 探索北美大陆地下奥秘——EarthScope计划十年进展[J]. 地球学报，2016，6（增刊1）：5-20.

[8] 孙自法. 中科院提出"中国地下4000米透明计划"[N]. 中国矿业报，2009-6-1（B01）.

[9] 董树文，李廷栋. SinoProbe——中国深部探测实验[J]. 地质

学报，2009，83（7）：895-909.

［10］骆丁. 江苏重点地区三维地质调查完成［N］. 中国国土资源报，2015-8-8（5）.

［11］张夏林，蔡红云，翁正平，等."玻璃国土"建设中的矿山高精度三维地质建模方法［J］. 地质科技情报，2012，31（6）：23-27.

［12］田宜平，毛小平，张志庭，等."玻璃油田"建设与油气勘探开发信息化［J］. 地质科技情报，2012，31（6）：16-22.

［13］周翔，潘洁，吴一戎. 透视地球——新一代对地观测技术. 遥感学报，2024，28（3）：529-540.

［14］杜乐天. 地球排气作用——建立整体地球科学的一条统纲［J］. 地学前缘，2000（2）：381-390.

［15］杜乐天. 从新世纪独联体有关地球排气和油气成因理论进展所得到的启示［J］. 岩性油气藏，2009，21（4）：1-9.

［16］耿诺. 本市将建地下综合管廊［N］. 北京日报，2016-3-26（5）.

［17］苏德辰，杨经绥. 国际大陆科学钻探（ICDP）进展［J］. 地质学报，2010，84（6）：873-886.

［18］苏德辰，杨经绥. ICDP创立20周年：中国大陆科学钻探方兴未艾［J］. 地球学报，2016，37（增刊1）：118-128.